"十三五"江苏省高等学校重点教材（编号：2019-2-217）

普通高等院校
工程图学类
—系列教材—

机械制图习题集

主　编　叶　霞　张向华
副主编　蒋琴仙

清华大学出版社
北京

内容简介

本习题集是依据教育部高等学校工程图学课程教学指导分委会制定的《普通高等学校工程图学课程教学基本要求》和机械制图课程应用型人才培养目标、制图相关的现行国家标准等编写而成的。

本习题集与叶霞、张向华主编的《机械制图》教材配套使用，习题内容编排与教材相适应。所选习题由浅入深、循序渐进，主要内容包括制图基本知识、正投影法基础、立体的投影与交线、组合体、轴测图、机件常用的表达方法、标准件与常用件、零件图和装配图。

本习题集可供高等学校本科机械类、近机械类各专业学生在学习"机械制图"相关课程时使用或参考。

版权所有，侵权必究。举报：010-62782989，beiqinquan@tup.tsinghua.edu.cn。

图书在版编目（CIP）数据

机械制图习题集/叶霞，张向华主编. —北京：清华大学出版社，2023.11
普通高等院校工程图学类系列教材
ISBN 978-7-302-64966-3

Ⅰ.①机… Ⅱ.①叶… ②张… Ⅲ.①机械制图-高等学校-习题集 Ⅳ.①TH126-44

中国国家版本馆 CIP 数据核字（2023）第 233664 号

责任编辑：苗庆波
封面设计：傅瑞学
责任校对：王淑云
责任印制：杨 艳

出版发行：	清华大学出版社		
网　　址：	https://www.tup.com.cn，https://www.wqxuetang.com		
地　　址：	北京清华大学学研大厦 A 座	邮　　编：	100084
社 总 机：	010-83470000	邮　　购：	010-62786544
投稿与读者服务：	010-62776969，c-service@tup.tsinghua.edu.cn		
质量反馈：	010-62772015，zhiliang@tup.tsinghua.edu.cn		
印 装 者：	三河市铭诚印务有限公司		
经　　销：	全国新华书店		
开　　本：	260mm×185mm　　　印　张：8.5	字　　数：	103 千字
版　　次：	2023 年 12 月第 1 版	印　　次：	2023 年 12 月第 1 次印刷
定　　价：	35.00 元		

产品编号：088091-01

前　言

本习题集与叶霞、张向华主编的《机械制图》教材配套,根据教材的特点组织编写,目的是帮助学生通过必要的实践训练掌握图样的表达能力和阅读能力,其内容包括制图基本知识、正投影法基础、立体的投影与交线、组合体、轴测图、机件常用的表达方法、标准件与常用件、零件图和装配图九个部分。本习题集可作为普通高等教育应用型本科院校机械类、近机械类专业的制图习题集,授课教师可根据本校的教学特点,自行选择题目进行训练。本习题集具有以下特点:

（1）习题选择与编排由浅入深、循序渐进,精简了传统的点、线、面和立体的投影,增加了表达方法、零件图和装配图的训练题目,有利于培养学生对工程图样的表达和阅读能力。

（2）本习题集中的训练题目内容丰富、题型典型,与教材重点内容相对应,可满足课程基本教学要求的课堂练习和课后作业需求。

（3）本习题集为新形态教材,大部分题目都提供了 AR 模型,学生可通过扫描书中带有标识的图片进行多角度观察,具体操作见封二的使用说明。

本习题集由叶霞、张向华任主编,参加编写工作的有叶霞(第 1 篇、第 2 篇、第 3 篇、第 4 篇)、张向华(第 5 篇、第 6 篇、第 7 篇)、蒋琴仙(第 8 篇、第 9 篇)。全书由叶霞负责统稿和定稿。

限于编者水平,教材中难免有不当之处,敬请广大同仁及读者惠于指正,不吝赐教,在此谨表谢意。

编　者
2023 年 10 月

目　录

第 1 篇　制图基本知识 ………………………………………………………………………… 1

第 2 篇　正投影法基础 ………………………………………………………………………… 8

第 3 篇　立体的投影与交线 …………………………………………………………………… 24

第 4 篇　组合体 ………………………………………………………………………………… 40

第 5 篇　轴测图 ………………………………………………………………………………… 64

第 6 篇　机件常用的表达方法 ………………………………………………………………… 68

第 7 篇　标准件与常用件 ……………………………………………………………………… 96

第 8 篇　零件图 ………………………………………………………………………………… 107

第 9 篇　装配图 ………………………………………………………………………………… 119

参考文献 ………………………………………………………………………………………… 132

第 1 篇　制图基本知识　　　　　　　　　班级　　　姓名　　　学号　　　1

1-1 图线练习——在A3图纸上按照示例画图。

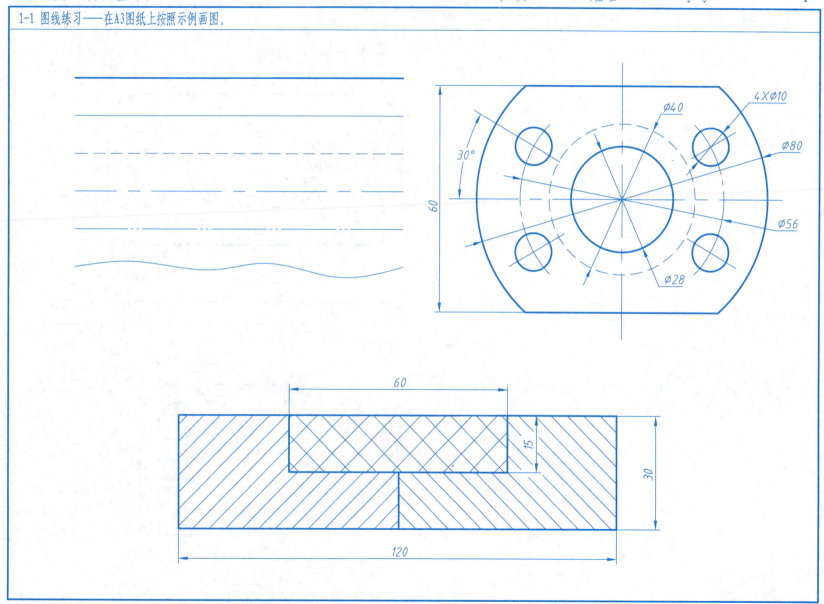

1-2 标注平面图形的尺寸（尺寸数值按1:1从图上量取并取整）。

(1)

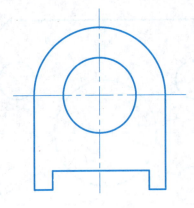

(2)

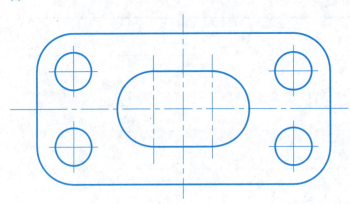

1-3 分析图中尺寸标注的错误，在右边图上作正确的标注。

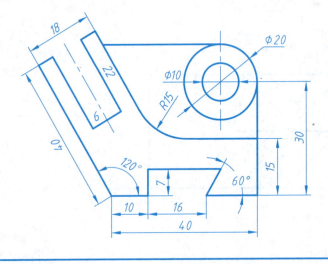

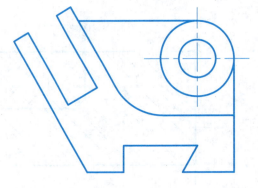

1-4 几何作图。

(1) 斜度(1:1)。

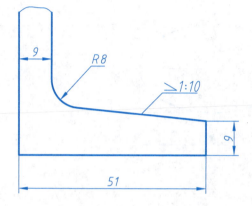

(2) 锥度(1:1)。

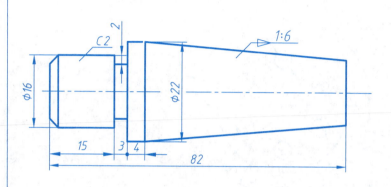

1-4 几何作图。

(3) 等分圆周(1:1)。

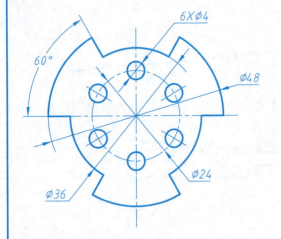

(4) 用四心圆法画椭圆(1:1)。

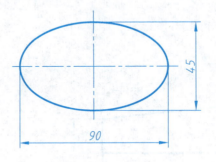

1-5 在指定位置处画出所示图形，并标注尺寸。

(1)

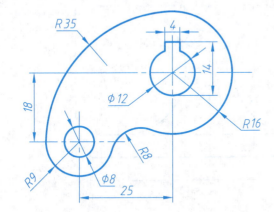

(2)

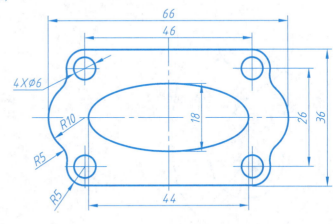

1-5 在指定位置处画出所示图形，并标注尺寸。

(3)

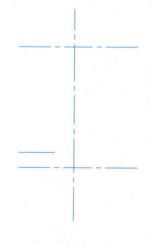

(4)

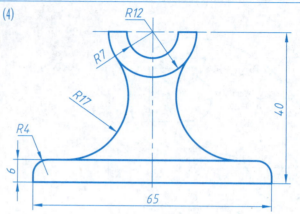

1-6 选择适当的图幅及比例，在图纸上作出下列图形，并标注尺寸。

(1)

(2)

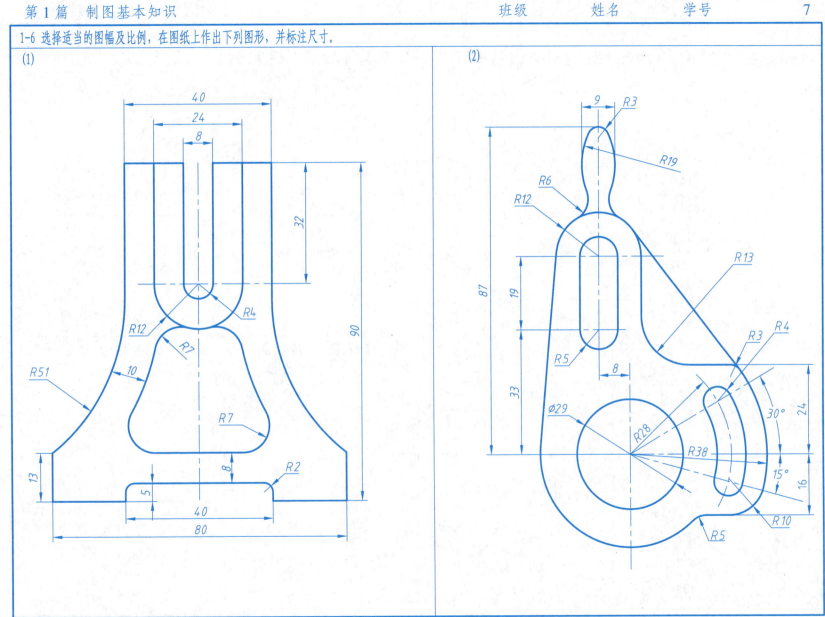

2-1 点的投影。

(1) 根据立体图作出 A、B、C 三点的投影图；根据投影图作出点 D、E 的立体图。

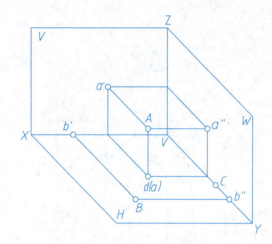

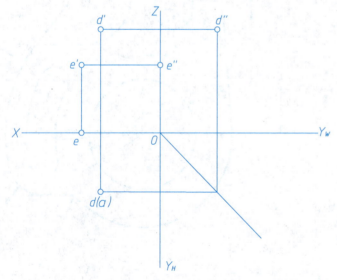

(2) 已知各点的两面投影，求作第三面投影。

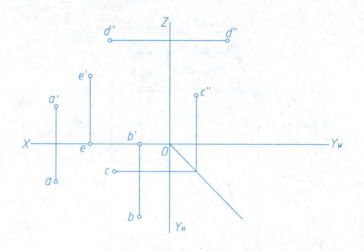

(3) 已知点 A(25, 15, 20)、点 B(10, 0, 15)、点 C 到投影面 W、V、H 的距离分别为 20、15、10，求作它们的投影图。

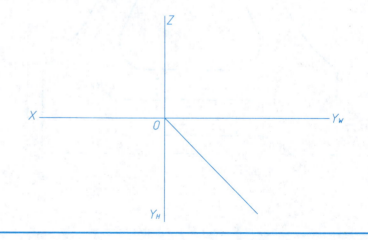

第 2 篇 正投影法基础

2-1 点的投影。

(4) 比较 A、B、C 三点的相对位置：B 点在 A 点的 ____、____、____；
B 点在 C 点的 ____、____、____；
C 点在 A 点的 ____、____、____。

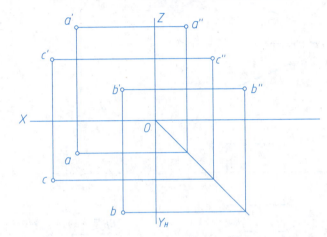

(5) 已知点 A 的三面投影，点 B 在点 A 之前 10，之右 15，之下 5，点 C 在点 B 的正上方 10，求作它们的投影图，并判别可见性。

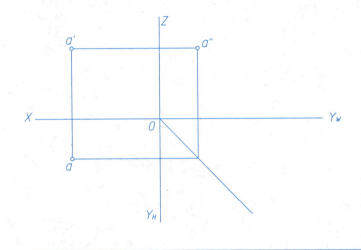

(6) 已知点 A 距 W 面 20，点 B 距点 A 10，点 C 与点 A 是对 V 面的重影点，y 坐标为 30，点 D 在点 A 的正下方 20，试补全各点的三面投影，并表明可见性。

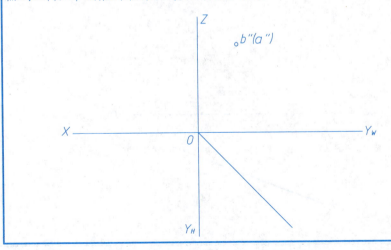

(7) 在物体的三视图中，标出点 A、B、C、D、E 的投影。

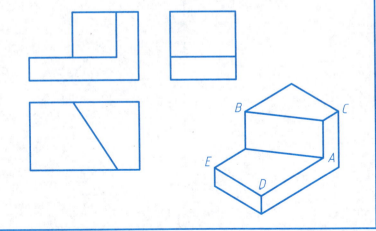

2-2 直线的投影。

(1) 已知：$S(25, 15, 40)$、$A(40, 10, 0)$、$B(25, 35, 0)$、$C(5, 0, 0)$，作出 SA、SB、SC、AB、BC、CA 等线段的三面投影，并说明它表示的是什么立体。

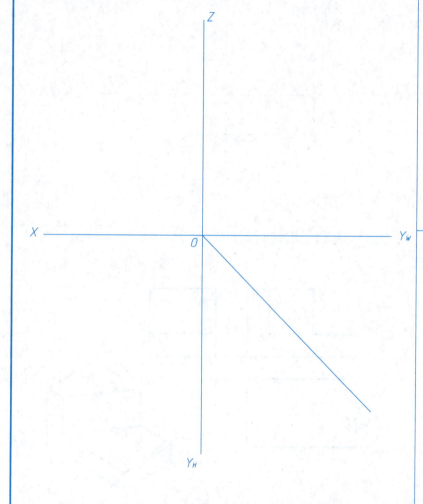

(2) 判断下列直线对投影面的位置，并填写其名称。

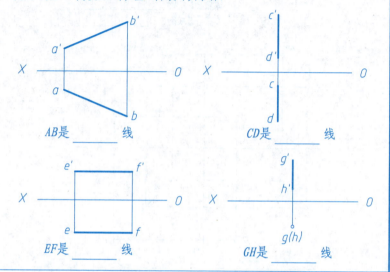

AB 是 _____ 线　　　　　CD 是 _____ 线

EF 是 _____ 线　　　　　GH 是 _____ 线

(3) 已知水平线 AB 在 H 面上方 20，求作它的正面投影，并在该直线上取一点 K，使 AK=20。

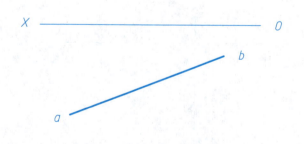

2-2 直线的投影。

(4) 已知正平线 AB 与 H 面的夹角 $\alpha=30°$，点 B 在 H 面上，求作直线 AB 的三面投影，共有几个答案？请求出全部答案。

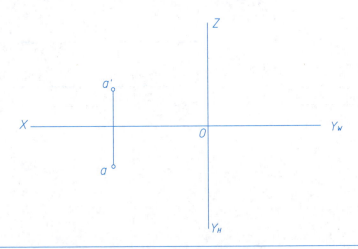

(5) 过点 A 作正垂线 AB，线段长度为 10。

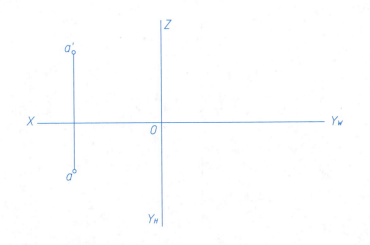

(6) CD 为一铅垂线，它到 V 面及 W 面的距离相等，求作它的其余两面投影。

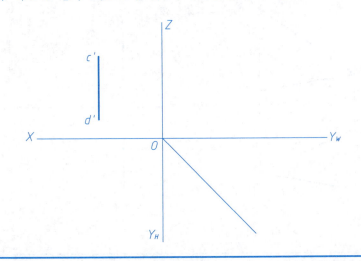

(7) 已知点 K 在直线 AB 上，且距离 V 面 15，作出点的两面投影。

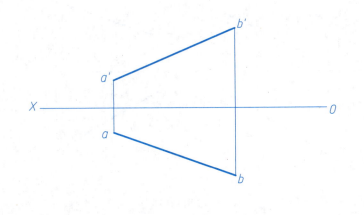

2-2 直线的投影。

(8) 已知直线CD上一点K的水平投影k，求k'。

(9) 判断两直线的相对位置。

(　　)　(　　)

(　　)　(　　)　(　　)　(　　)

2-2 直线的投影。

(10) 在物体的三视图上标出直线AB、CD的三面投影，并判别AB、CD的相对位置。

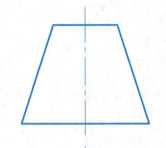
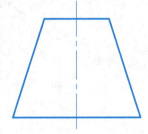
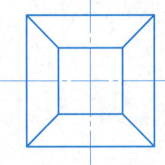
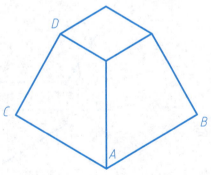

AB、CD两直线的相对位置：_____

(11) 在直线AB、CD上作出重影点的两面投影。

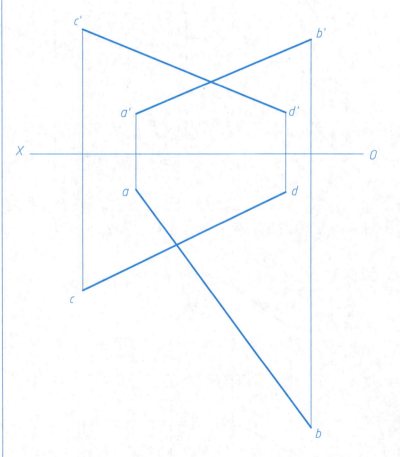

2-2 直线的投影。

(12) 过点A作直线AB与CD相交，交点B距离H面20。

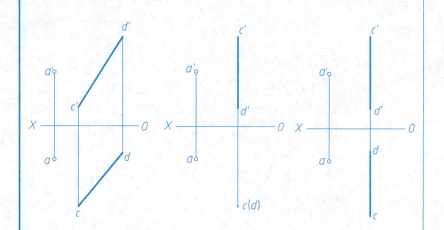

(13) 求作一直线GH平行于直线AB，且与直线CD、EF相交。

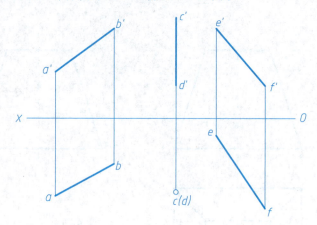

(14) 求作一直线MN，使它与直线AB平行，并与直线CD相交于点K，且CK∶KD=1∶2。

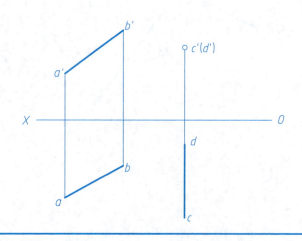

(15) 已知矩形ABCD，且AD平行于H面，试完成其两面投影。

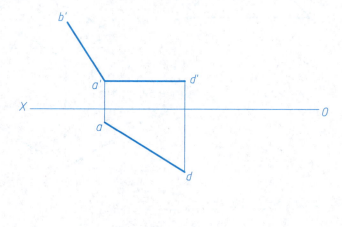

2-2 直线的投影。

(16) 求线段AB的实长L及其对V面的倾角β（用直角三角形法）。

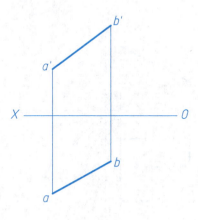

(17) 已知线段AB=25，求AB的水平投影及其对H面的倾角α（用直角三角形法）。

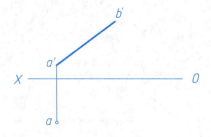

有____解。

2-3 直线与平面、平面与平面的相对位置。

(1) 根据立体图在投影图上标出点、线、面的投影，并判断面和线对投影面的位置。

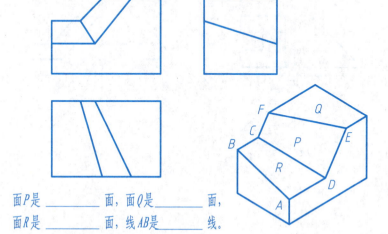

面P是_____面，面Q是_____面，
面R是_____面，线AB是_____线。

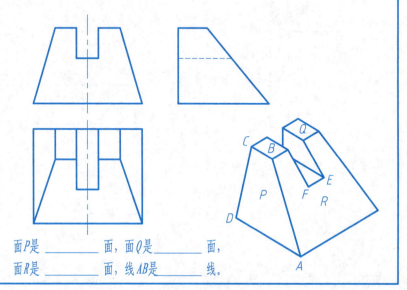

面P是_____面，面Q是_____面，
面R是_____面，线AB是_____线。

2-3 直线与平面、平面与平面的相对位置。

(2) 根据平面图形的两面投影，作出第三面投影，并判断平面处于什么空间位置。

(3) 补全平面图形及该平面上点K的投影。

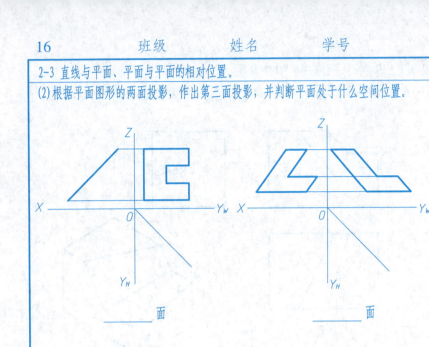

_____面　　　　　_____面

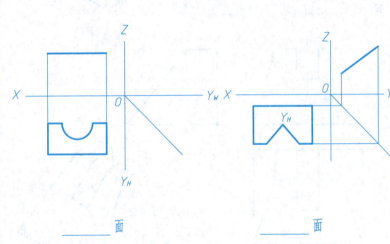

_____面　　　　　_____面

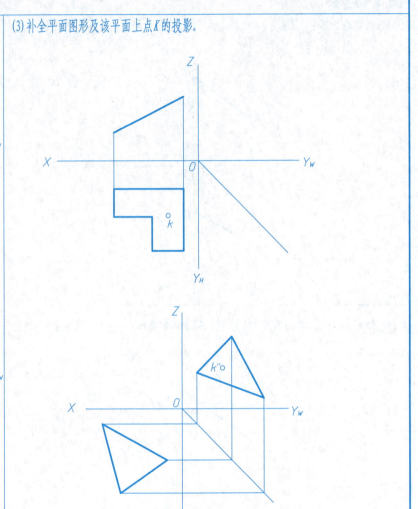

2-3 直线与平面、平面与平面的相对位置。

(4) 已知平面ABCD的对角线AC是一正平线，完成其水平投影。

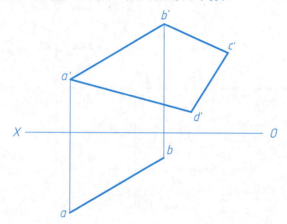

(5) 完成下列平面图形的水平投影。

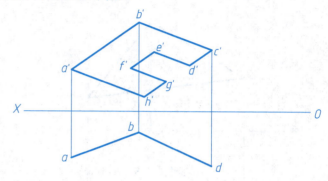

(6) 判别A、B、C、D四点是否在同一平面上。

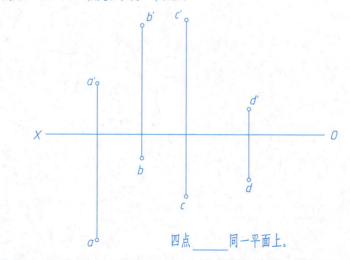

四点_____同一平面上。

(7) 判断点K和直线AD是否在平面ABC上。

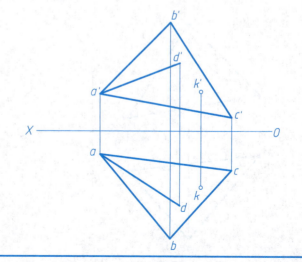

2-3 直线与平面、平面与平面的相对位置。

(8) 在平面ABC内取一点K，使它在H面上方18，V面前方15。

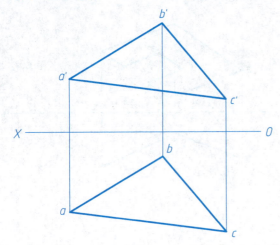

(9) 已知圆心位于点A、直径为30的圆为一水平面，求作该圆的三面投影。

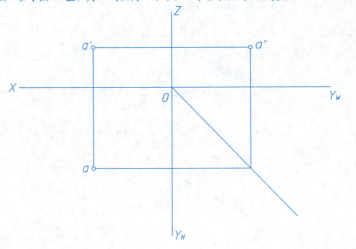

(10) 已知EF平行于平面ABC，求作e'f'。

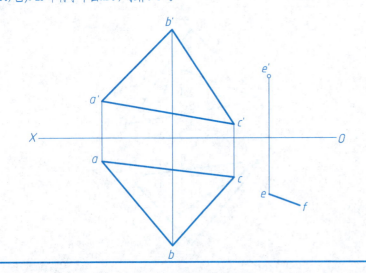

(11) 过D点作一水平线与平面ABC平行。

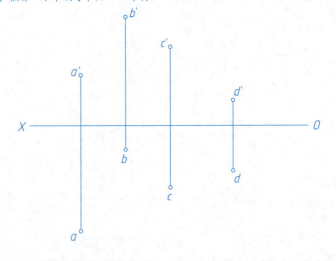

2-3 直线与平面、平面与平面的相对位置。

(12) 已知平面ABC与交叉直线DE、FG平行，求作平面ABC的正面投影。

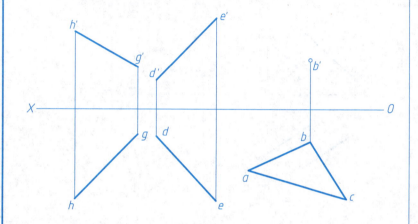

(13) 求直线AB与平面的交点K，并判别可见性。

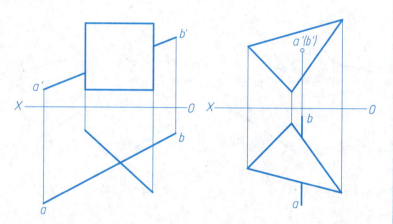

(14) 过点A作直线AB垂直于平面CDE，并标出垂足B。

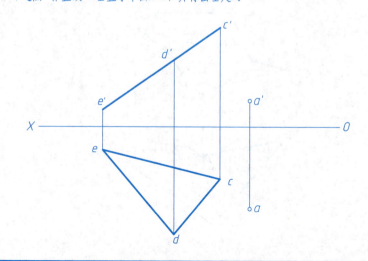

(15) 过点A作一平面垂直于直线AB。

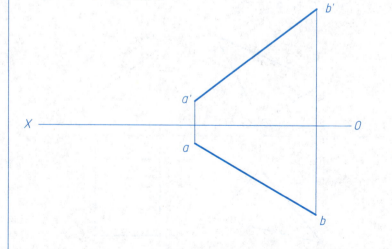

2-3 直线与平面、平面与平面的相对位置。

(16) 判断下列两平面是否平行？

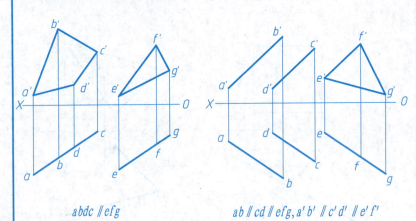

abdc ∥ efg

ab ∥ cd ∥ efg, a'b' ∥ c'd' ∥ e'f'

(17) 过K点作一平面平行于两直线AB、CD确定的平面。

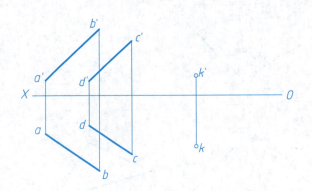

(18) 已知平面BCD与平面PQRS的两面投影，以及平面BCD上点M的正面投影m'，在平面BCD上求作直线MN平行于平面PQRS。

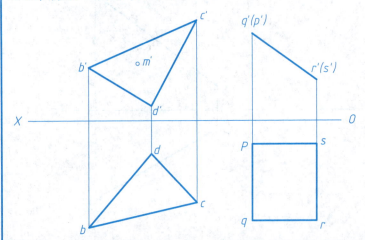

(19) 作平面P与平面ABC的交线，并判别其可见性。

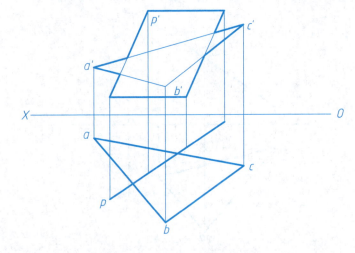

2-3 直线与平面、平面与平面的相对位置。

(20) 作平面M与平面ABCD的交线，并判别其可见性。

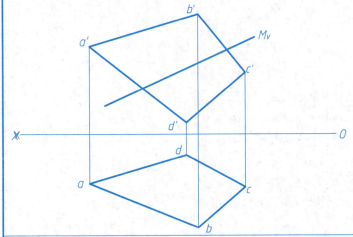

(21) 已知平面DEF与平面ABC垂直，试补全平面DEF的正面投影。

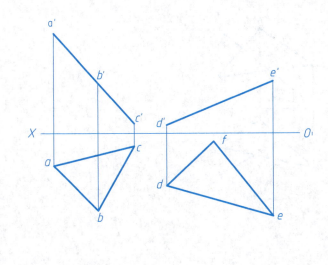

2-4 换面法。

(1) 求直线AB的实长及其对H面的倾角α和对V面的倾角β。

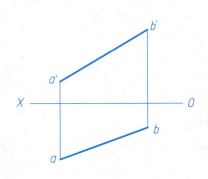

(2) 已知直线AB的实长为25，试补全其正面投影。

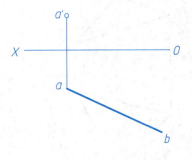

2-4 换面法。

(3) 求水平线 AB、CD 之间的距离。

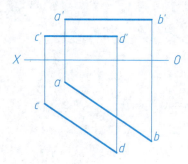

(4) 已知直线 AB 与 CD 垂直相交,试求 CD 的正面投影 $c'd'$。

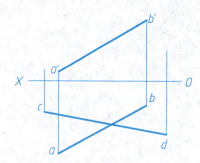

(5) 试求平面 ABC 对 H 面的倾角 α 及点 D 到平面 ABC 的距离。

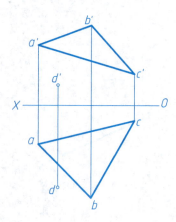

(6) 试求直线 EF 与平面 ABC 的交点 K。

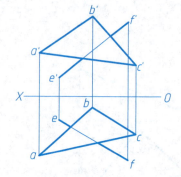

2-4 换面法。

(7) 试求两交叉直线 AB、CD 之间的距离。

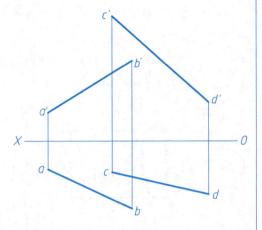

(8) 试求作一平面与平面 ABCD 平行，且相距 20。

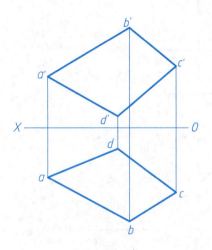

3-1 已知基本体的两面投影和表面点的一面投影，求作基本体的第三投影和表面点的另两面投影。

(1)

(2)

(3)

(4)

第 3 篇 立体的投影与交线　　　　　　　　　　　　　班级　　　姓名　　　学号　　25

3-1 已知基本体的两面投影和表面点的一面投影，求作基本体的第三投影和表面点的另两面投影。

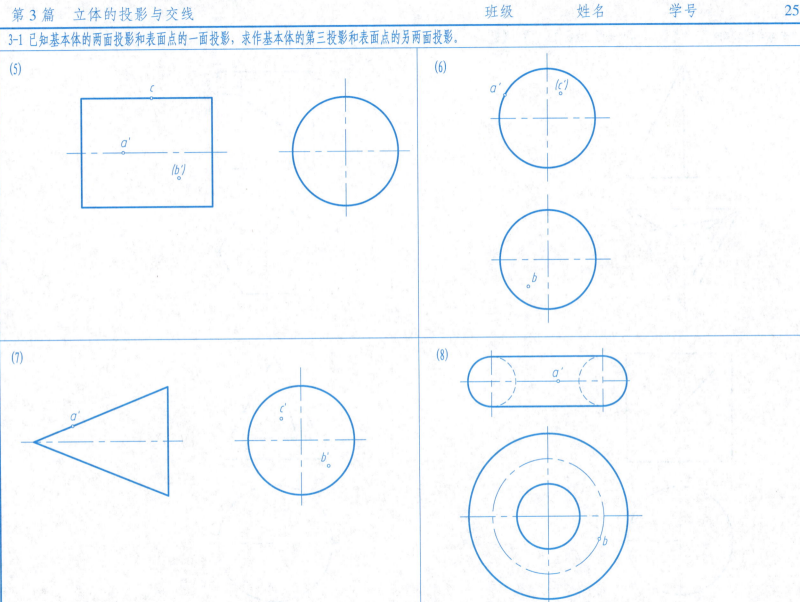

3-2 求作基本体的第三面投影,并作出表面上线段的另外两面投影。

(1)

(2)

(3)

(4)

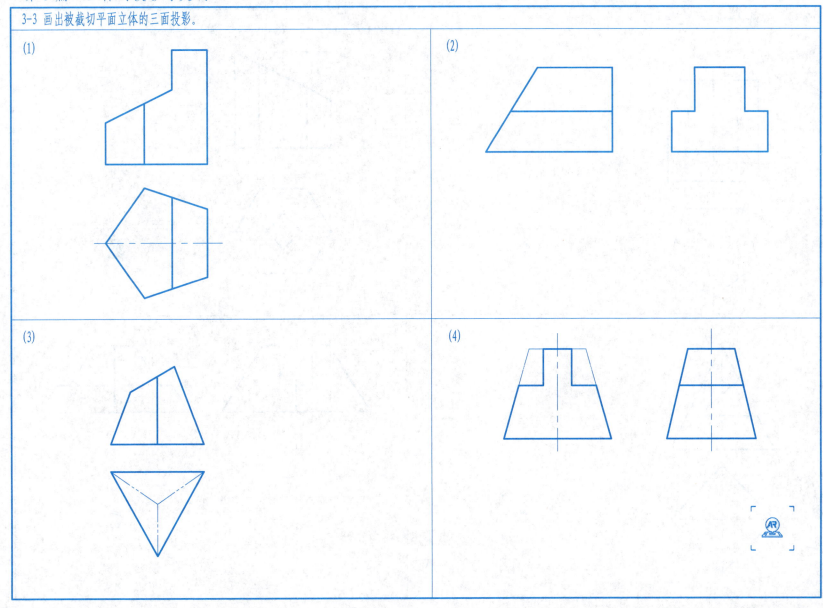

3-3 画出被截切平面立体的三面投影。

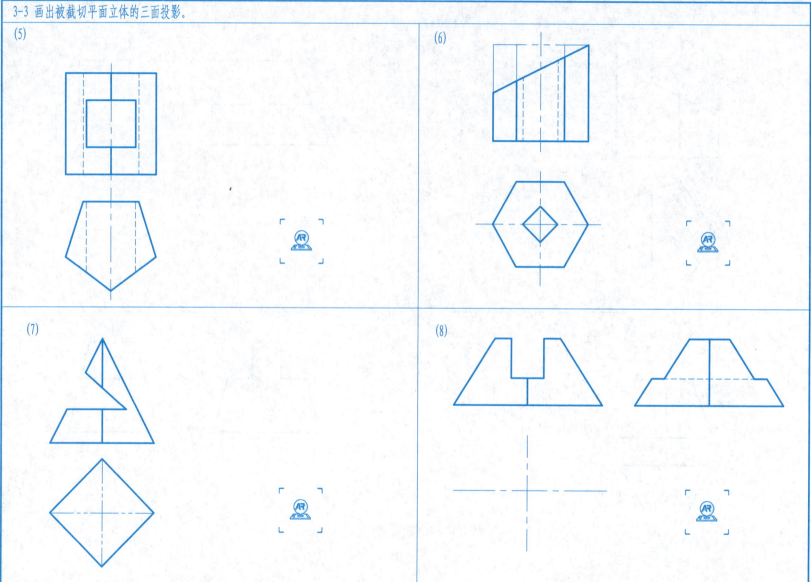

3-3 画出被截切平面立体的三面投影。

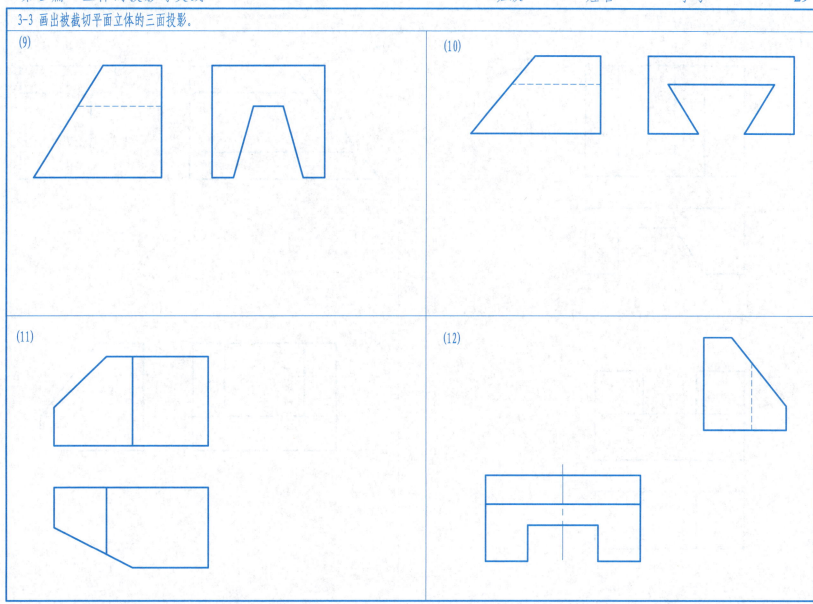

3-3 画出被截切平面立体的三面投影。

(13)

(14)

(15)

(16)

3-4 画出被截切曲面立体的三面投影。

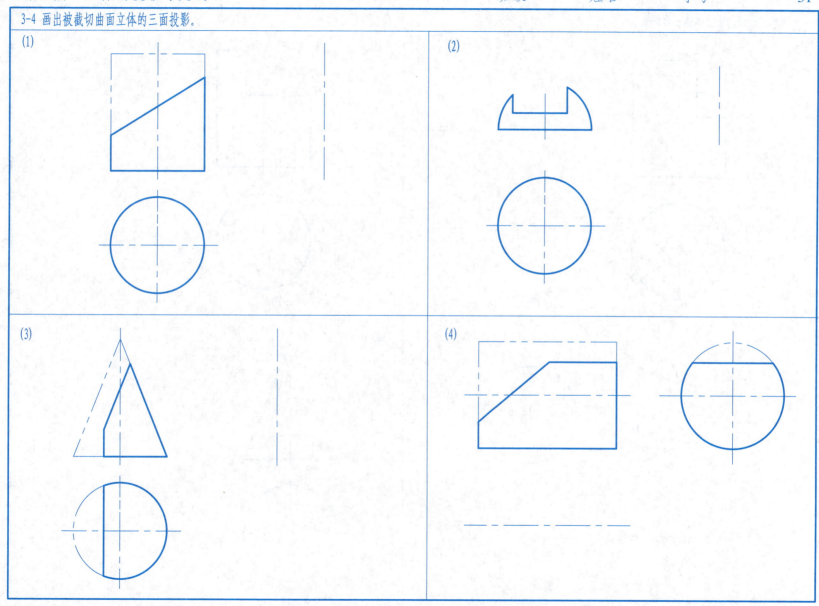

3-4 画出被截切曲面立体的三面投影。

(5)
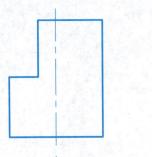

(6)
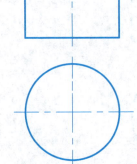

(7)
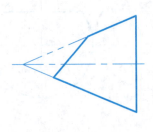

(8)
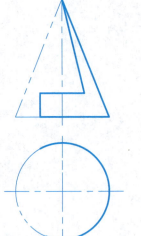

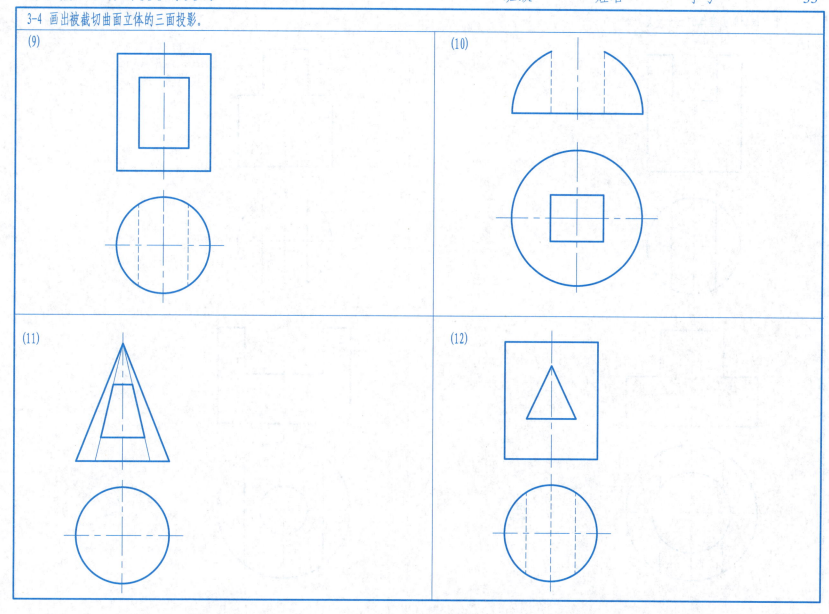

34

3-4 画出被截切曲面立体的三面投影。

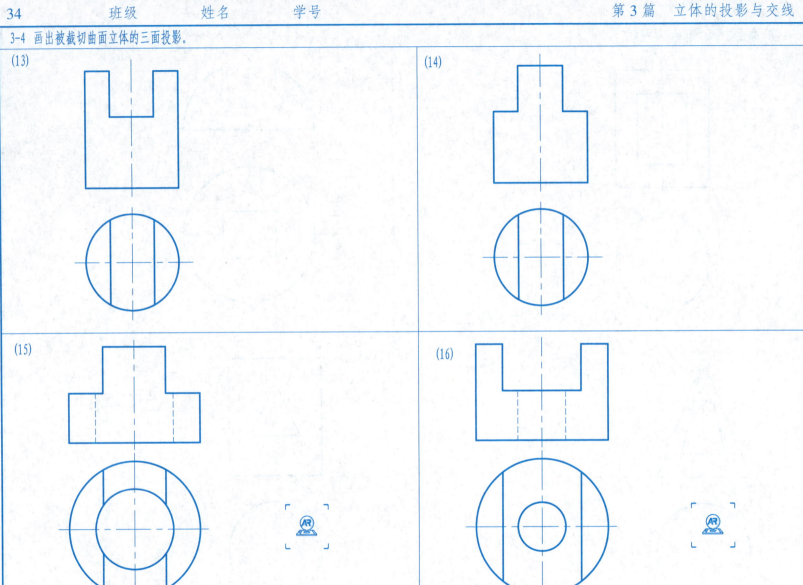

3-5 补全被截切曲面立体的三面投影。

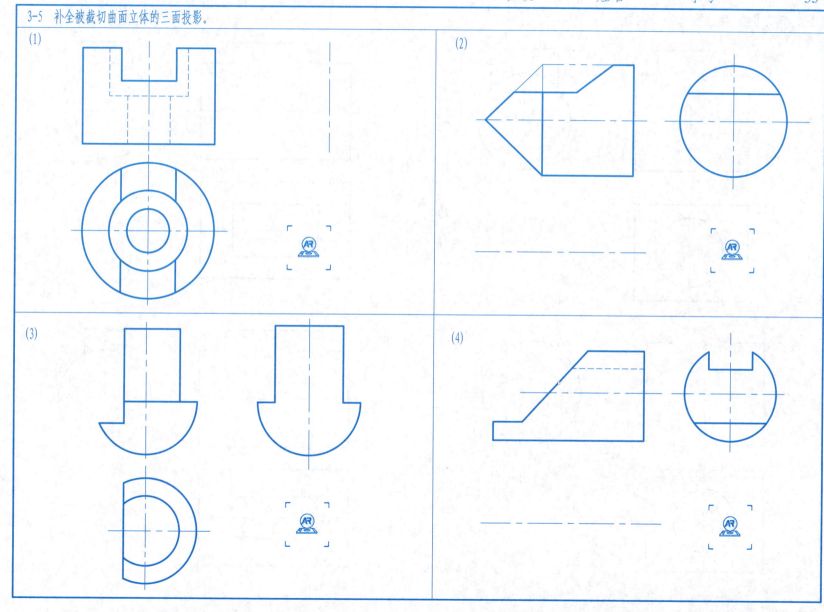

36　班级　姓名　学号　　　第3篇　立体的投影与交线

3-6 求作相贯线，并完成立体的三面投影。

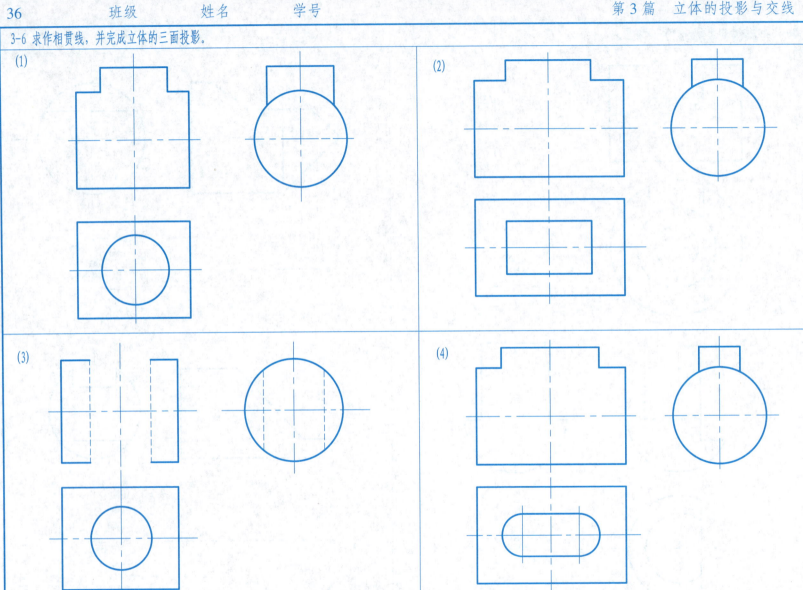

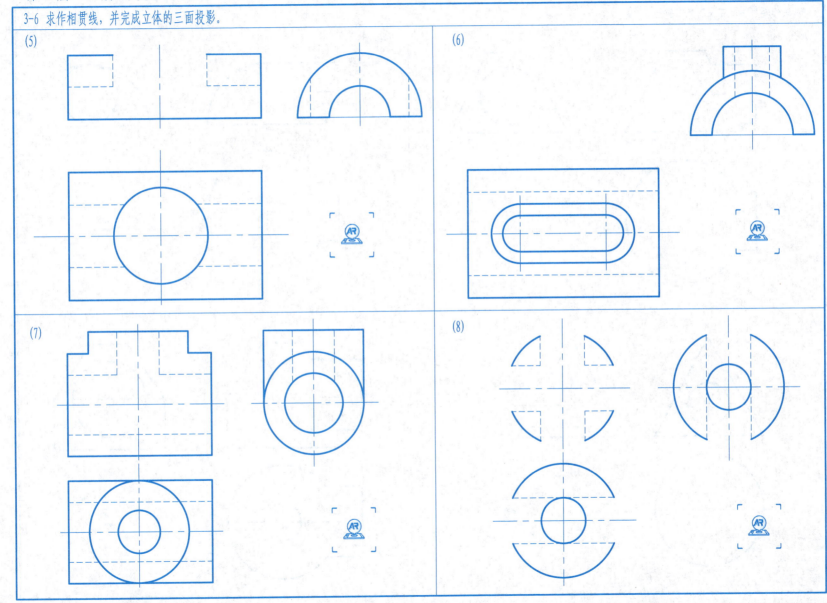

3-6 求作相贯线，并完成立体的三面投影。

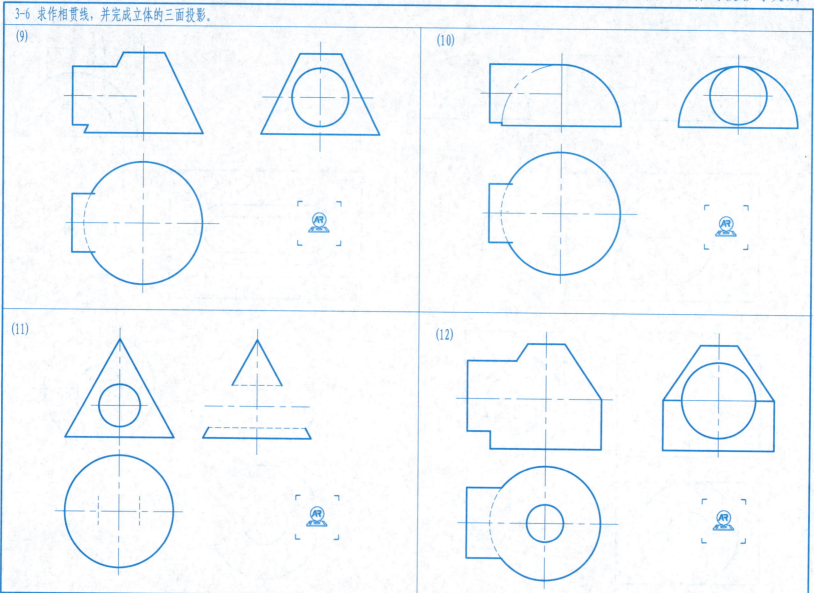

第 3 篇 立体的投影与交线   班级　　　姓名　　　学号　　　39

3-6 求作相贯线，并完成立体的三面投影。

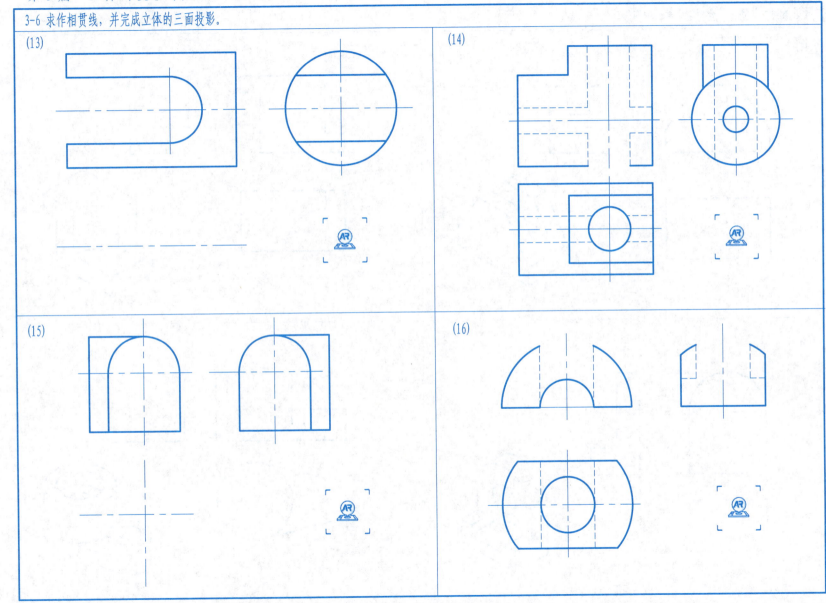

4-1 参照立体图，补全视图中缺漏的图线。

(1)

(2)

(3)

(4)

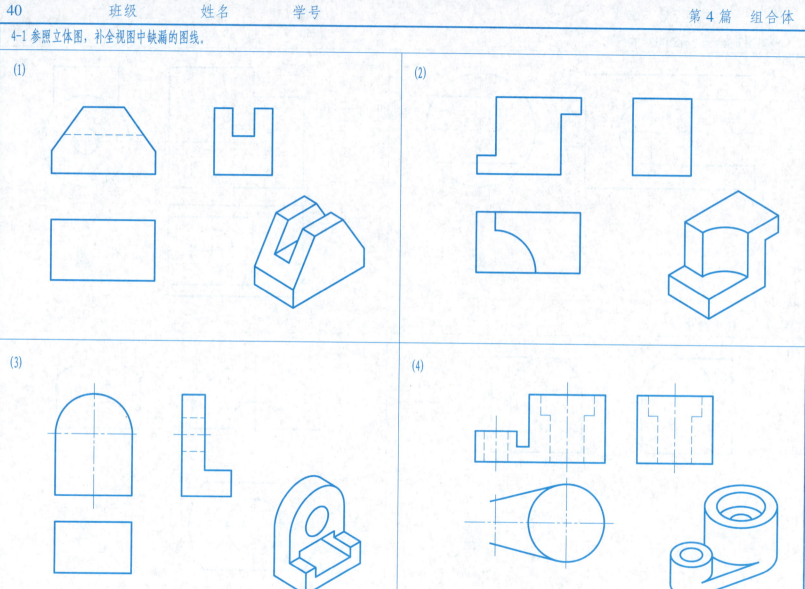

第 4 篇　组合体　　　　　　　　　　　　　　　　　　　　　　　　班级　　　　姓名　　　　学号　　　　41

4-2 根据立体图画出组合体的三视图（数值从图中量取整数）。

(1)

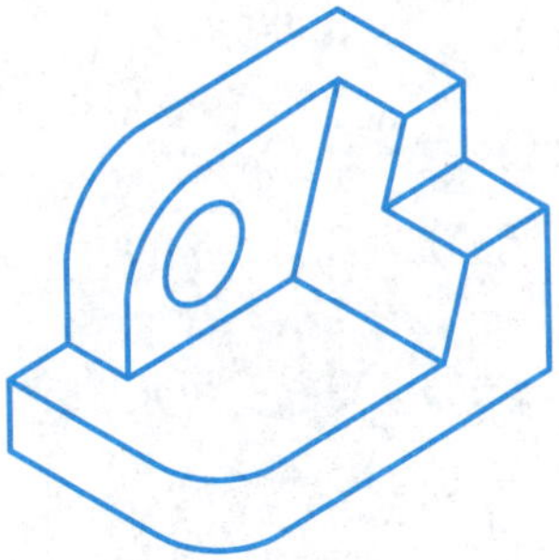

(2)

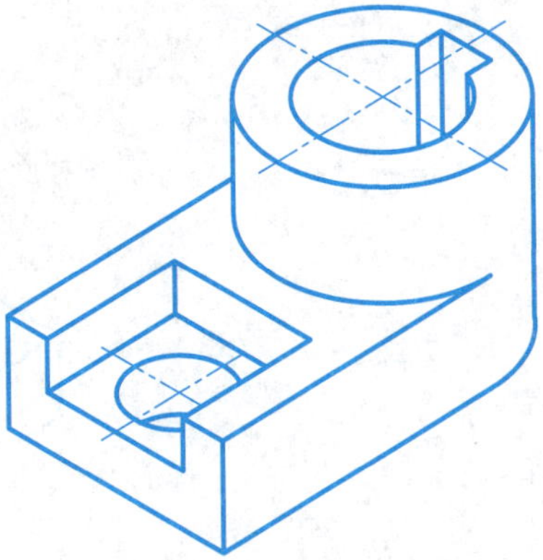

4-2 根据立体图画出组合体的三视图（数值从图中量取整数）。

(3)

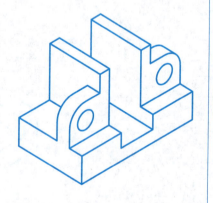

(4)

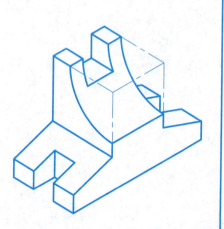

第 4 篇　组合体　　　　　　　　　　　　　　　　　班级　　　姓名　　　学号　　　43

4-3 标注组合体的尺寸（数值从图中量取整数）。

(1)　　　　　　　　　　(2) 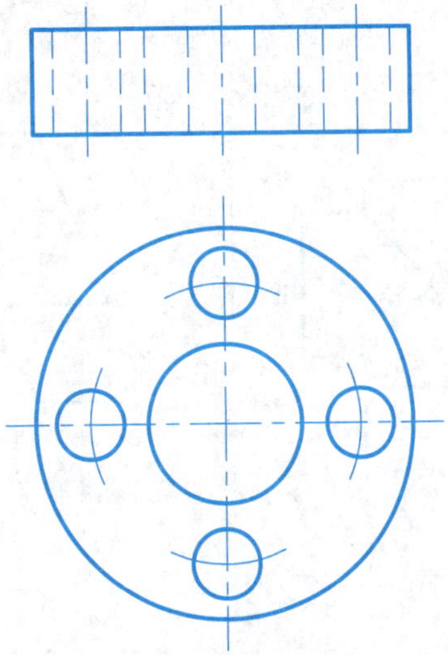　　　　　　　　　　(3)

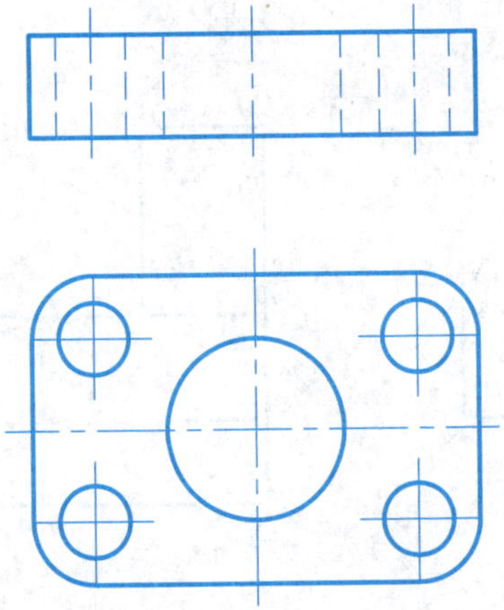

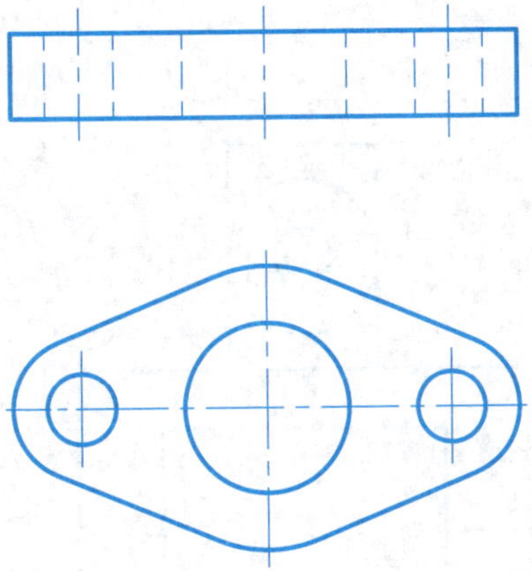

(4) 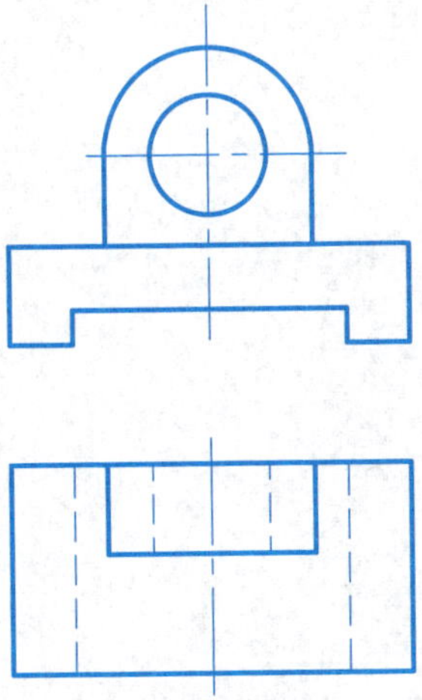　　　　　　　　　　(5) 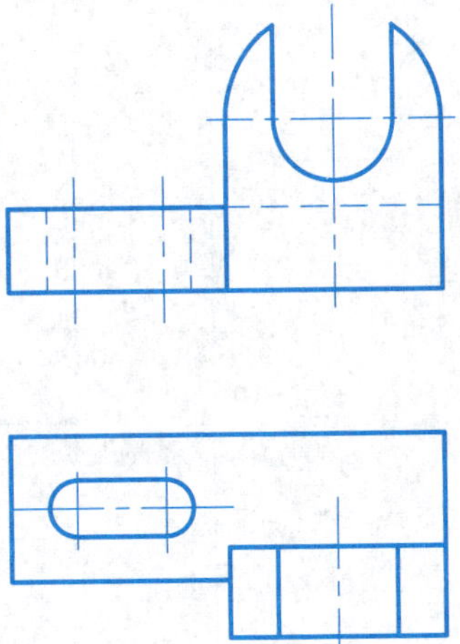　　　　　　　　　　(6)

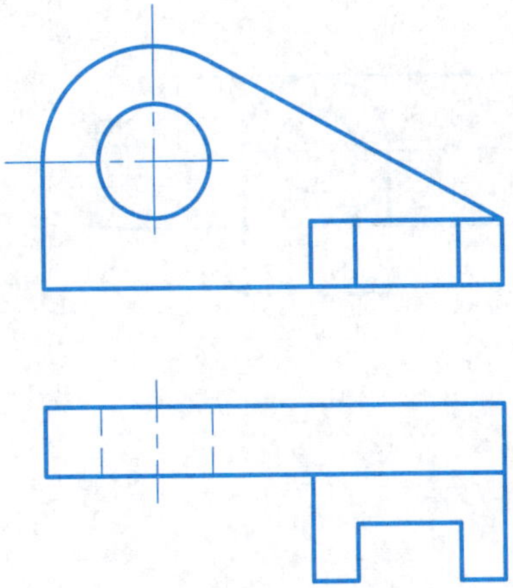

4-3 标注组合体的尺寸（数值从图中量取整数）。

(7)

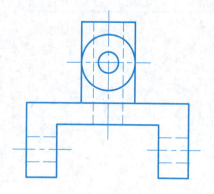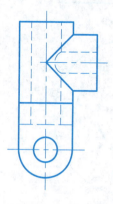

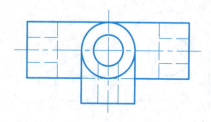

(8)

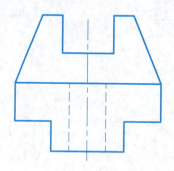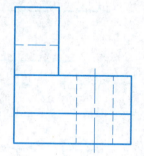

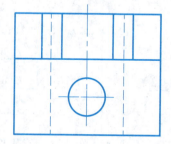

4-4 根据立体图在A3图纸上画组合体的三视图，并标注尺寸。

(1)

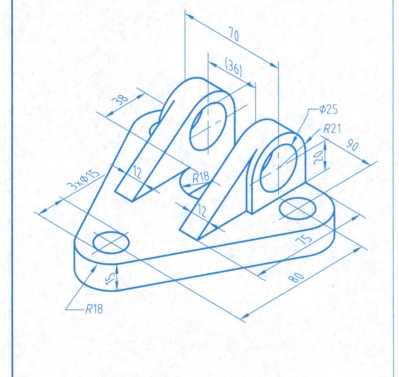

(2)

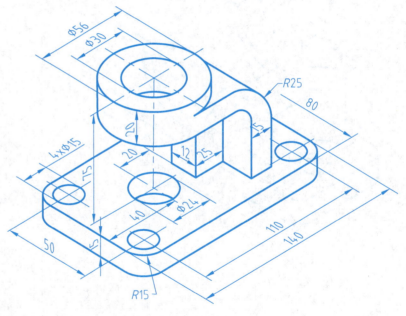

4-4 根据立体图在A3图纸上画组合体的三视图，并标注尺寸。

(3)

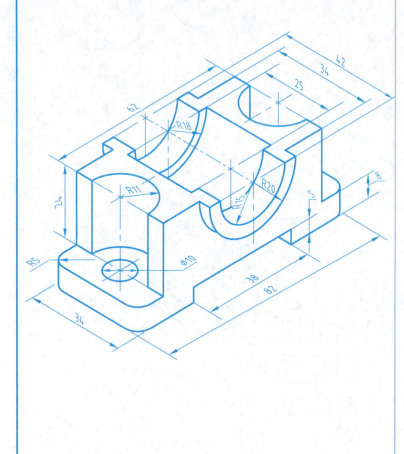

(4)

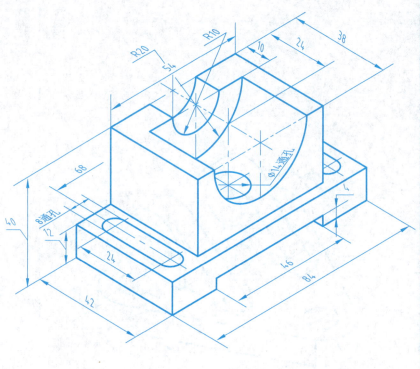

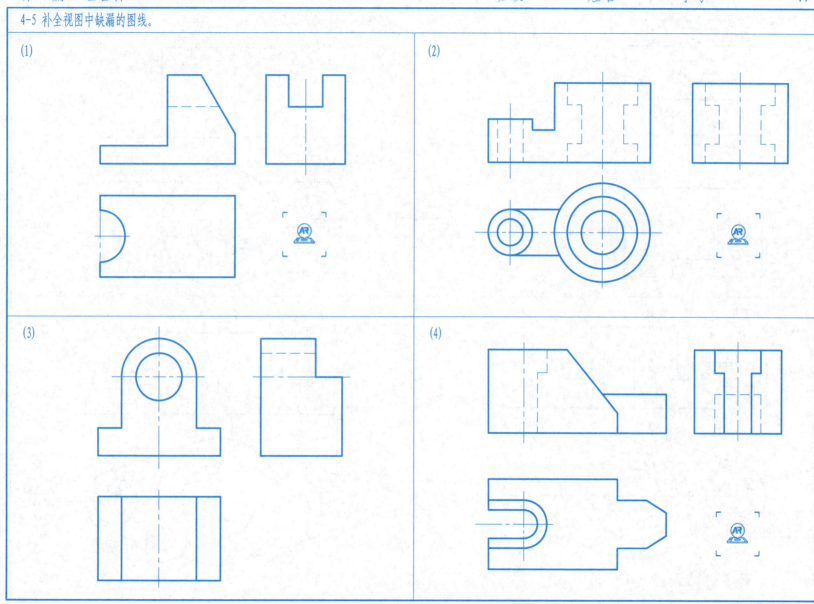

4-5 补全视图中缺漏的图线。

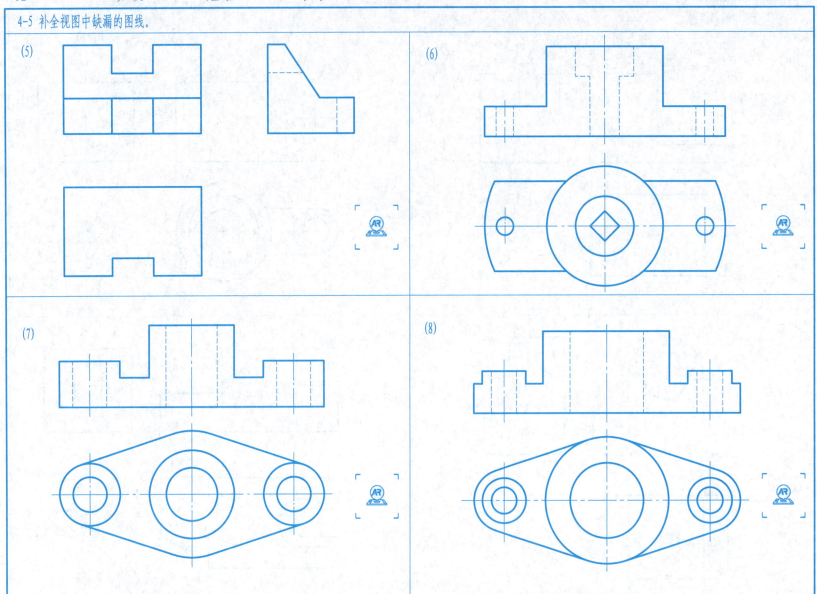

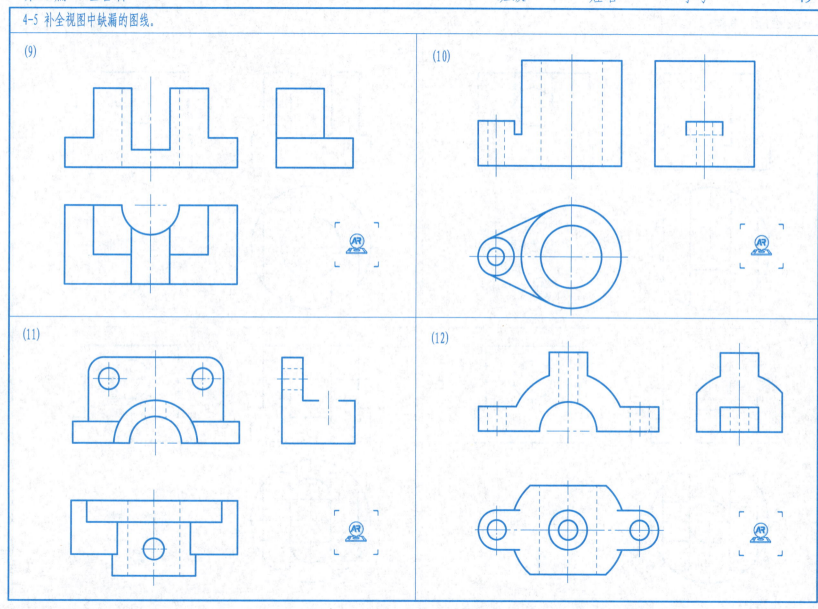

4-5 补全视图中缺漏的图线。

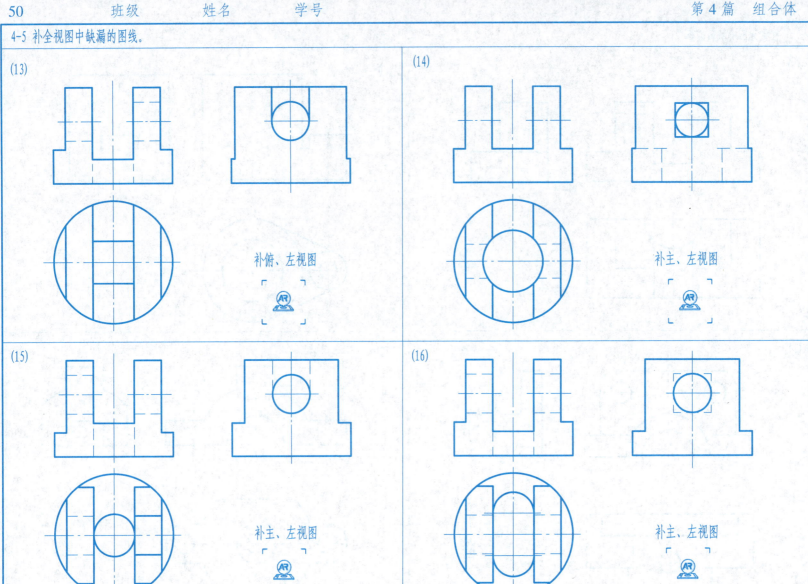

第 4 篇　组合体　　　　　　班级　　姓名　　学号　　51

4-6 补画左视图（第2题标注尺寸）。

(1)

(2)

4-7 根据给出的两个视图，想象出空间形状，并补画第三视图。

(1)

(2)

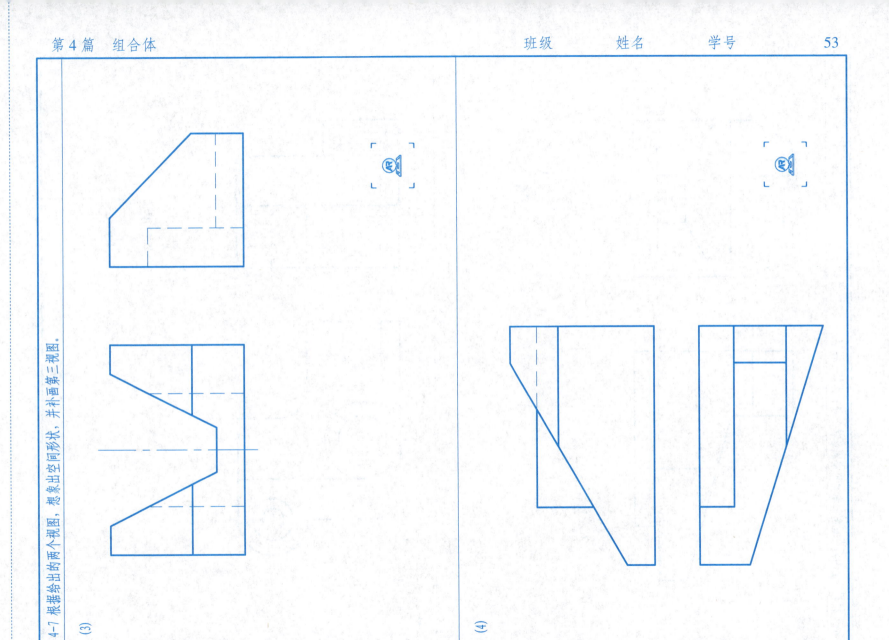

4-7 根据绘出的两个视图，想象出空间形状，并补画第三视图。

(5)

(6)

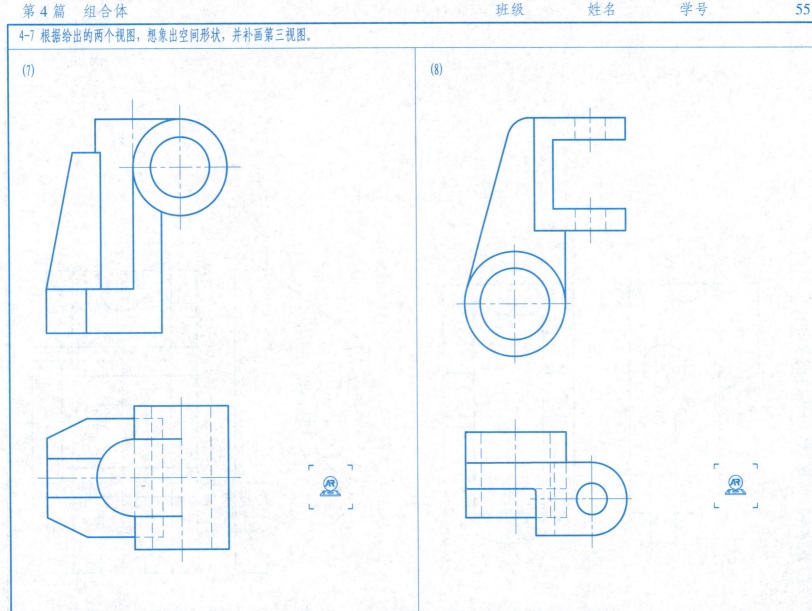

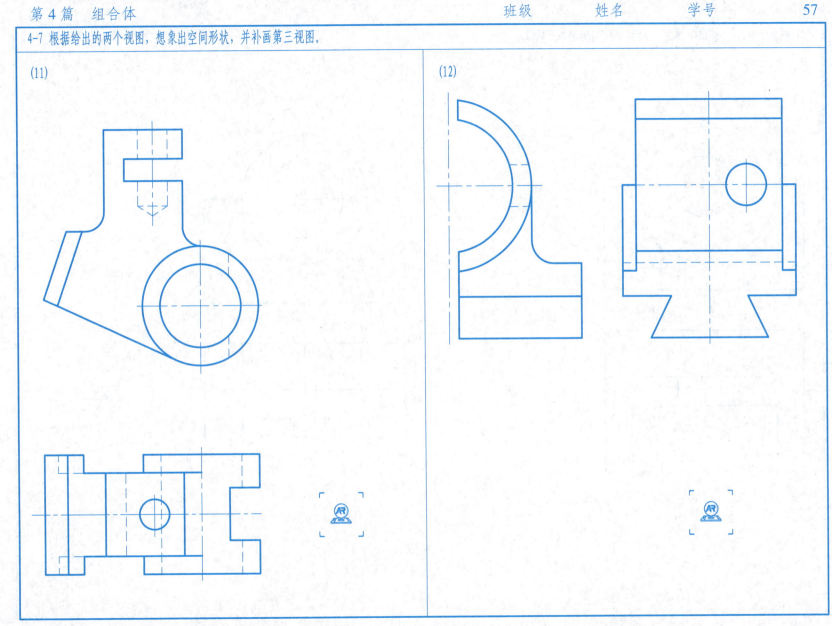

4-7 根据给出的两个视图，想象出空间形状，并补画第三视图。

(13)

(14)

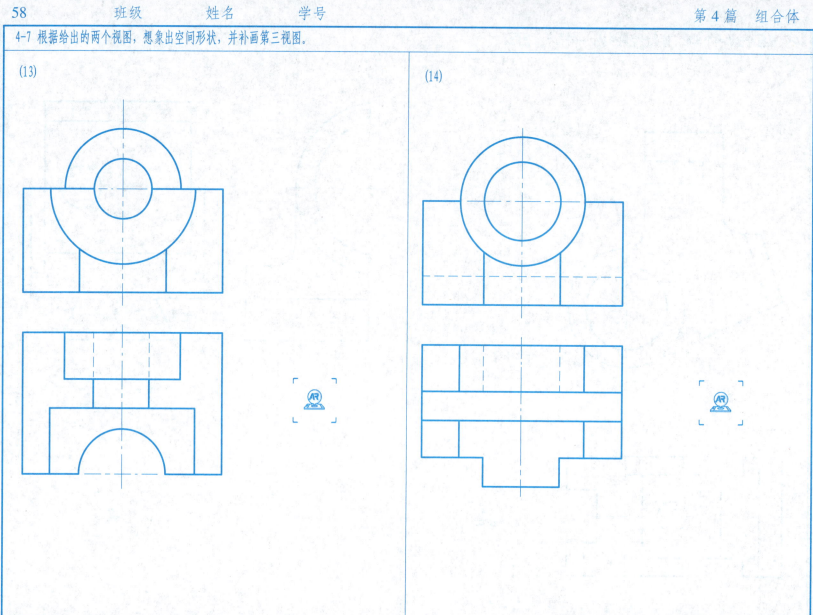

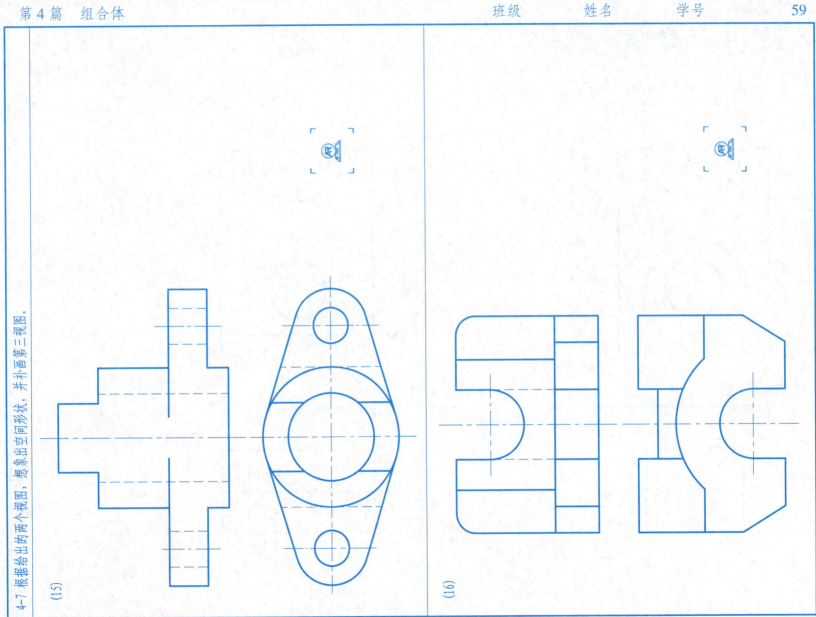

4-7 根据给出的两个视图，想象出空间形状，并补画第三视图。

(17)

(18)

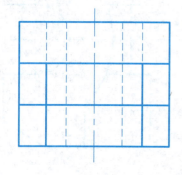
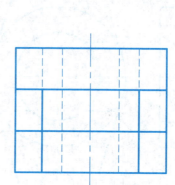

第4篇 组合体   班级   姓名   学号   61

4-7 根据给出的两个视图，想象出空间形状，并补画第三视图。

(19)   (20)

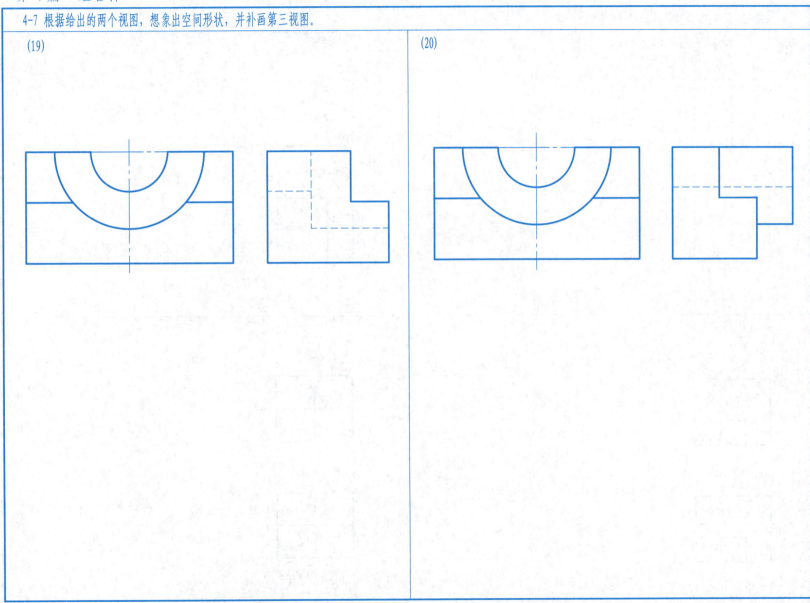

4-8 根据主、俯视图，构思不同形状的组合体（至少两种），并画出左视图。

(1)

(2)

(3)

(4)

4-9 根据主视图，构思不同形状的组合体（至少三种），并画出俯、左视图。

(1)

(2)

5-1 根据立体的视图画出正等轴测图。

(1)

(2)

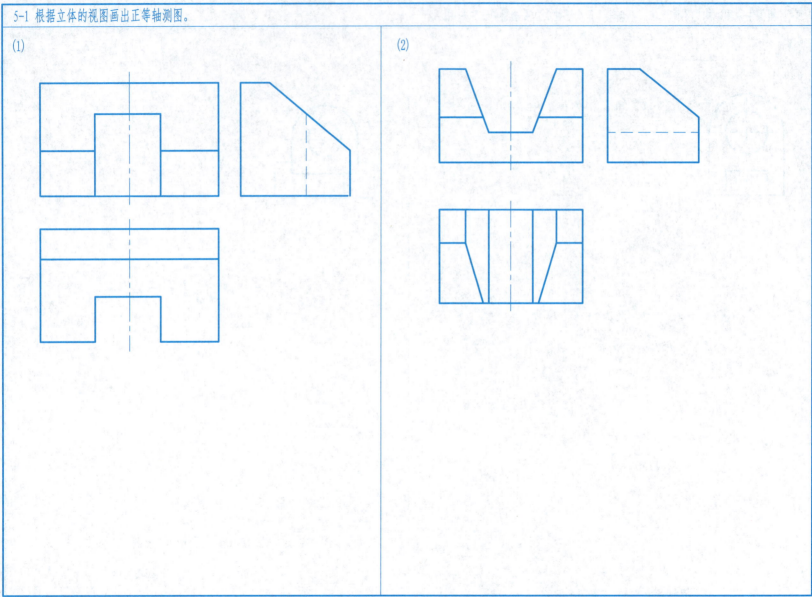

第 5 篇　轴测图　　　　　　　　　　　　　　　　　班级　　　姓名　　　学号　　　65

5-1 根据立体的视图画出正等轴测图。

(3)

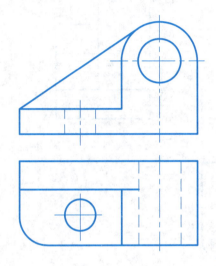

(4)

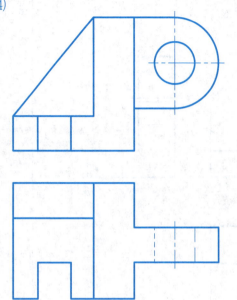

66　班级　姓名　学号　　　　　　　　　　第 5 篇　轴测图

5-1 根据立体的视图画出正等轴测图。

(5)

(6)

第 5 篇　轴测图　　　　　　　　　　　　　　　　　　班级　　　姓名　　　学号　　　　67

5-2 根据立体的视图画出斜二等轴测图。

(1)

(2)

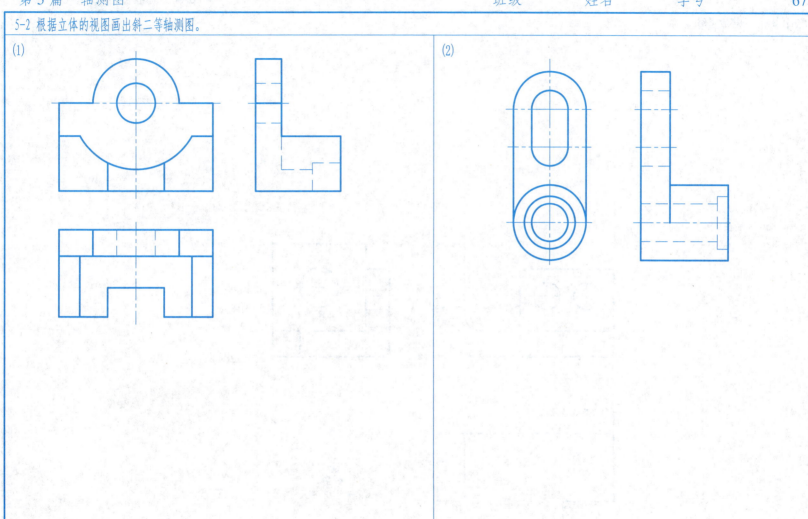

6-1 补画其他基本视图。

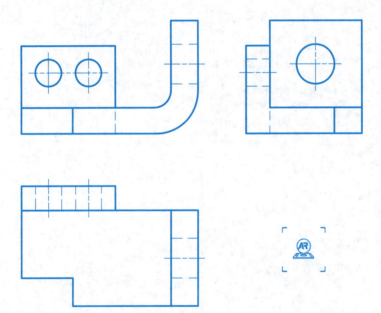

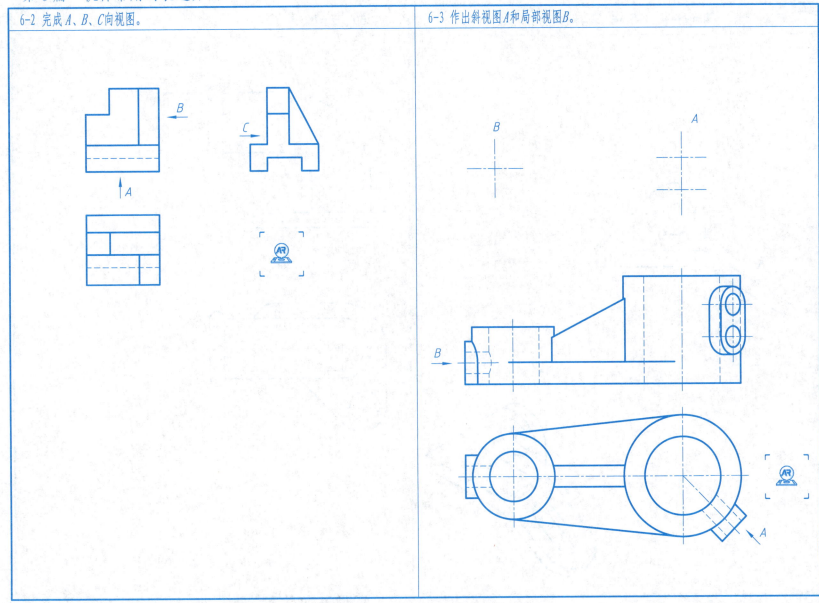

6-4 根据立体的主视图和轴测图，补画局部视图A和斜视图B。

6-5 画出A向局部视图。

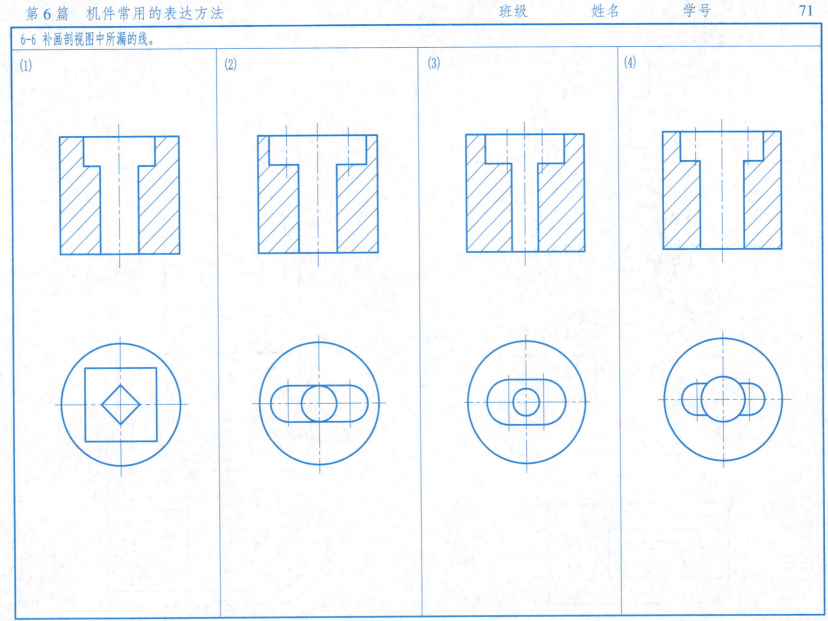

6-6 补画剖视图中所漏的线。

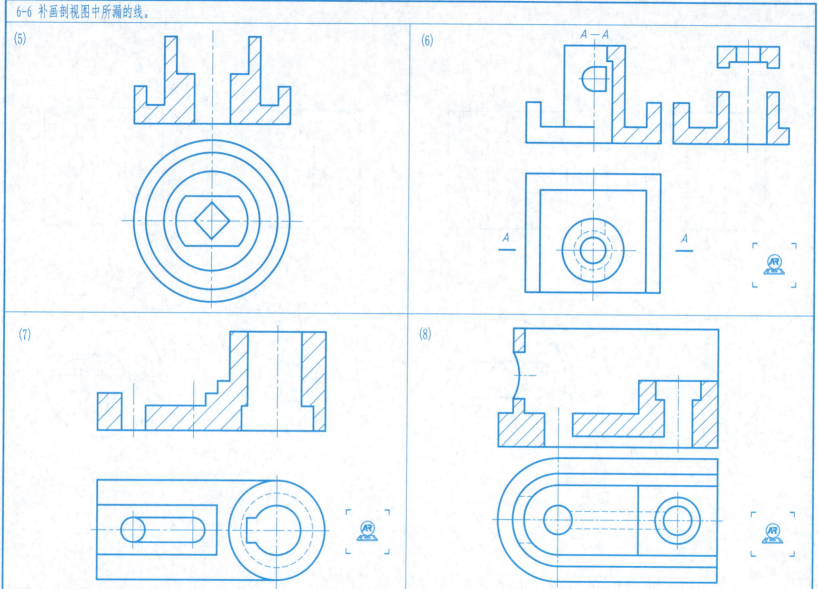

第 6 篇　机件常用的表达方法　　　班级　　姓名　　学号　　73

6-6 补画剖视图中所漏的线。

(9)

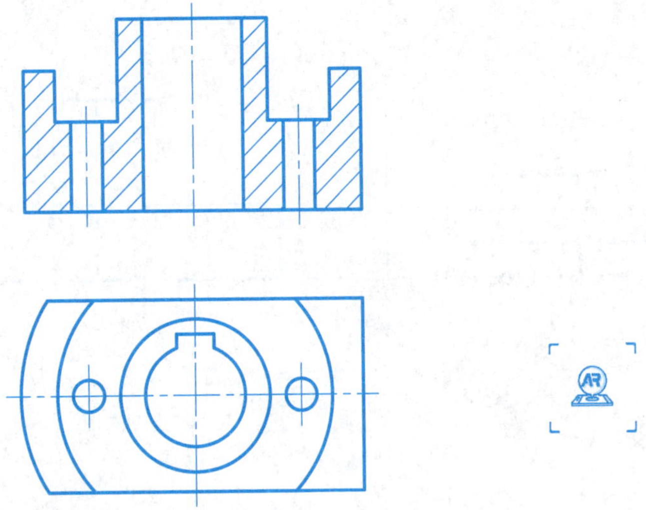

(10)

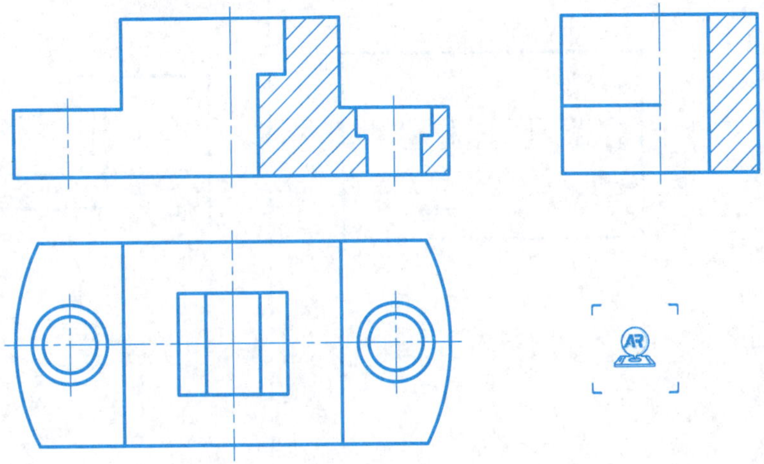

(11)

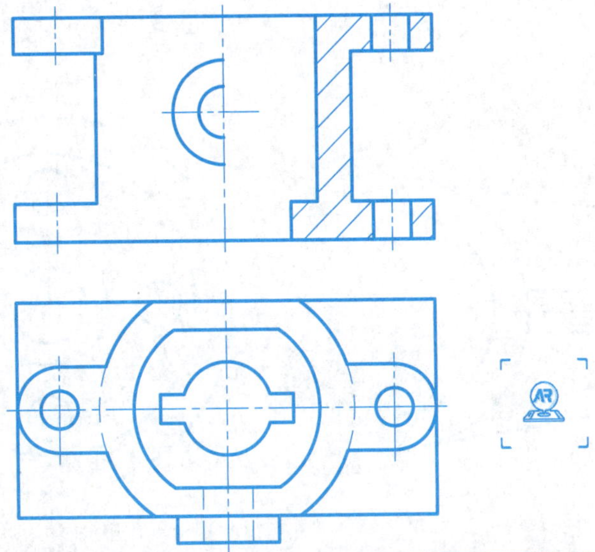

(12)

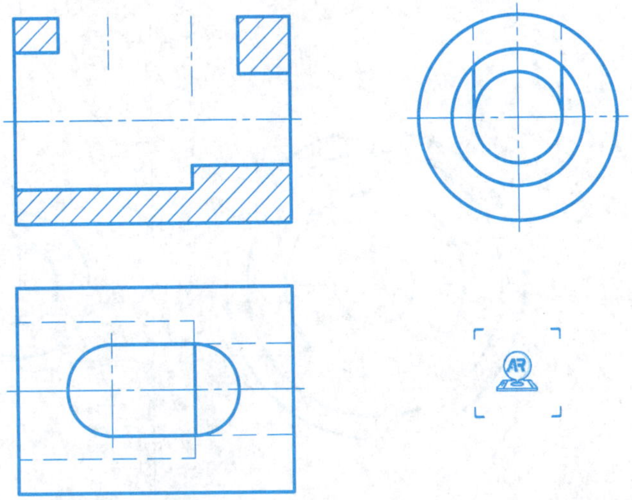

6-7 将下列机件的主视图改画成全剖视图。

(1)

(2)

(3)

第 6 篇 机件常用的表达方法

6-8 补出主视图全剖后所漏的图线，并画出全剖左视图 A—A。

6-9 已知俯视图和左视图，将主视图画成全剖视图。

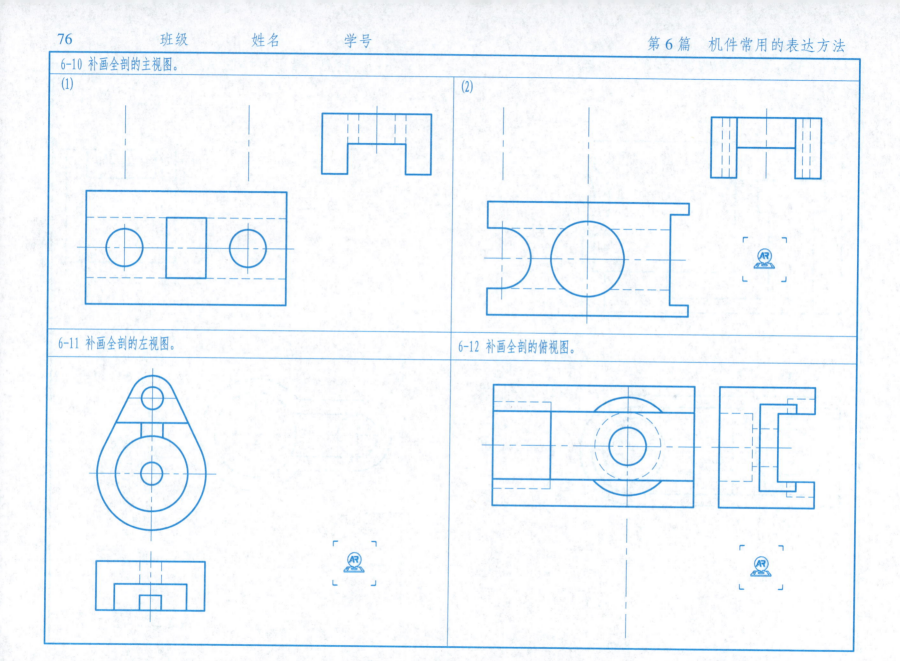

6-13 作A—A剖视图。

6-14 已知左视图和俯视图，补画全剖的主视图。

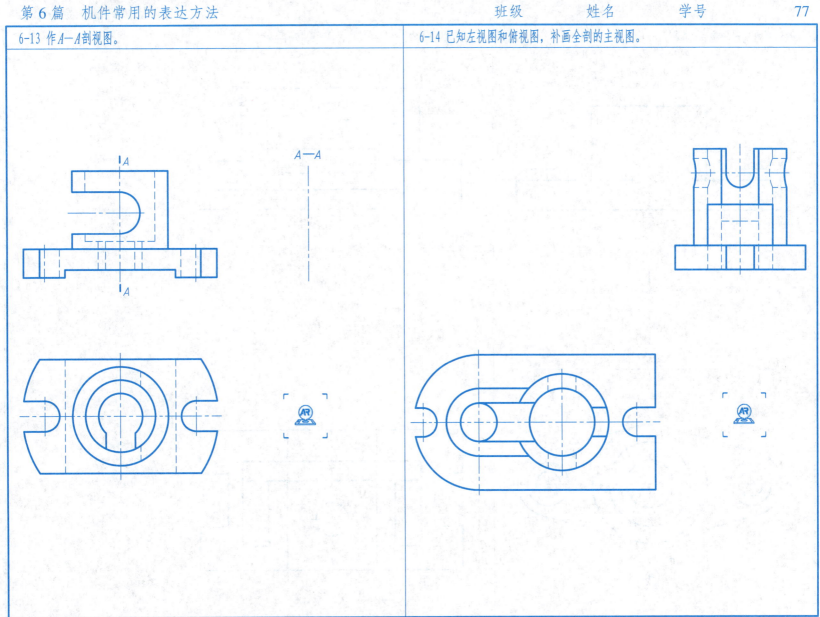

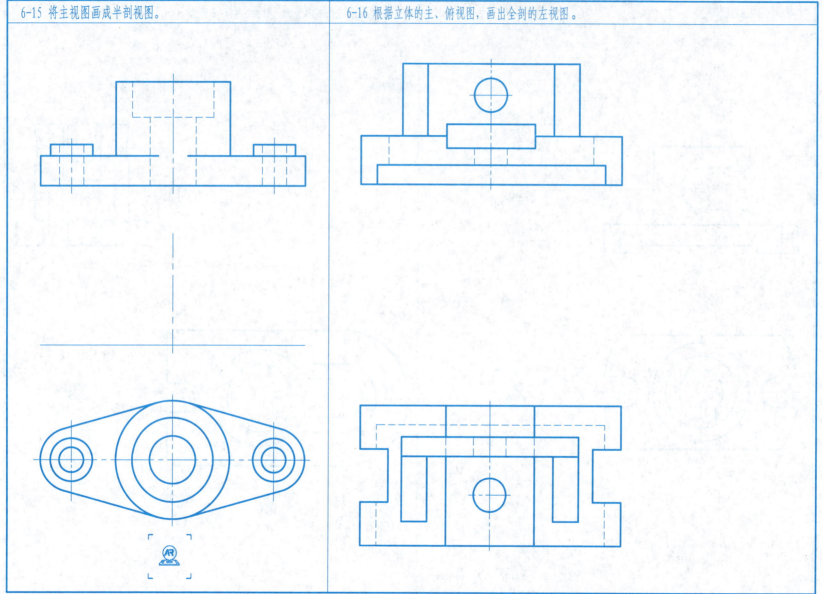

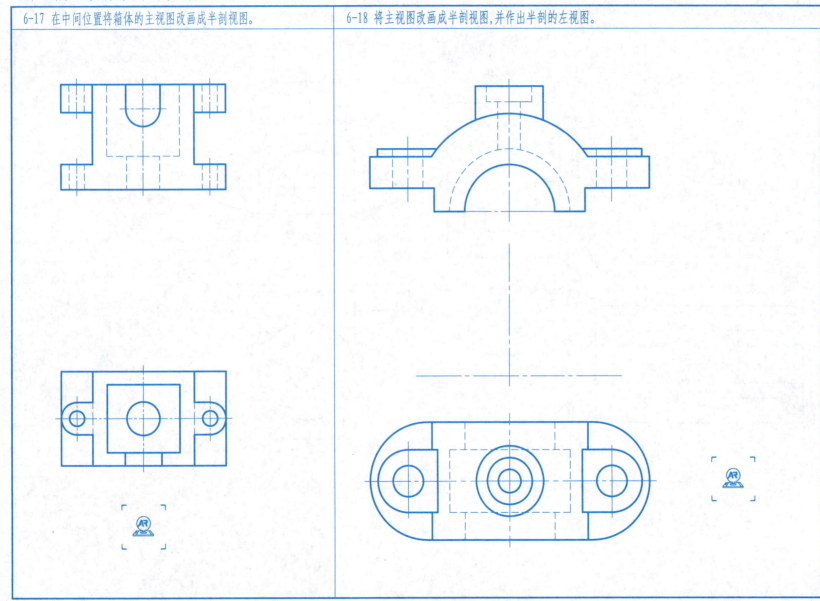

6-19 补画主视图（全剖视图）。

6-20 补画左视图（全剖视图）。

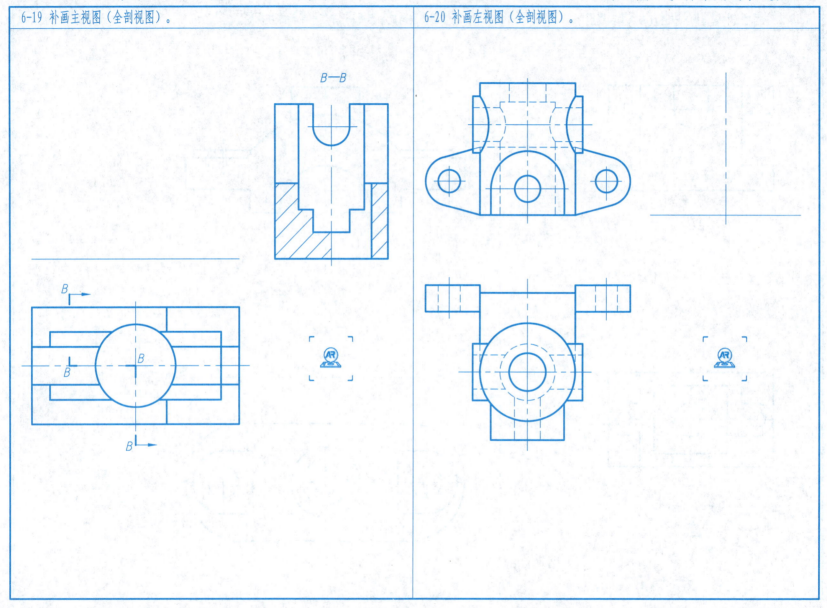

第 6 篇　机件常用的表达方法　　　　　班级　　姓名　　学号　　81

6-22 在指定位置将俯视图画成半剖视图。

6-21 补画半剖的主视图。

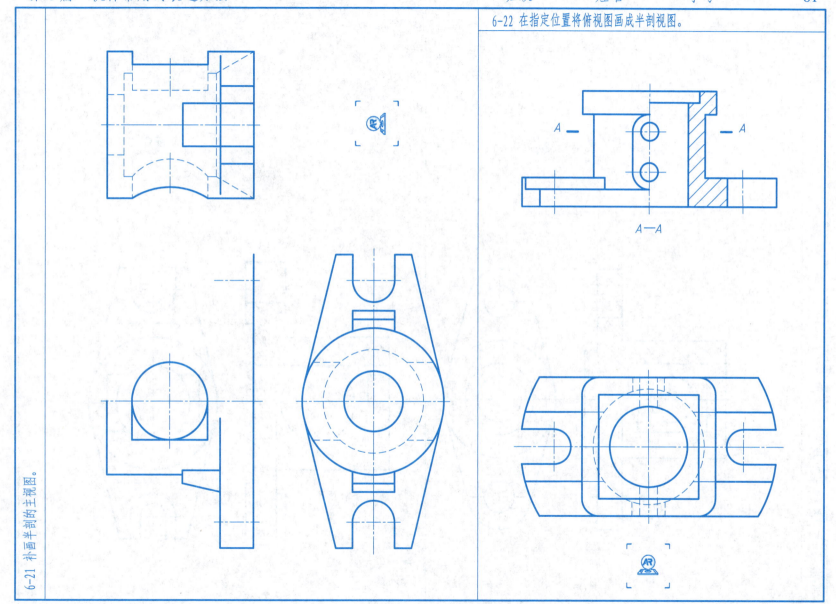

82　班级　　姓名　　学号　　　　　　　　　　　第 6 篇　机件常用的表达方法

6-23 求作左视图（取半剖视图）。

(1)

(2)

6-24 已知俯视图和向视图 A，将主视图画成半剖视图，左视图画成全剖视图。

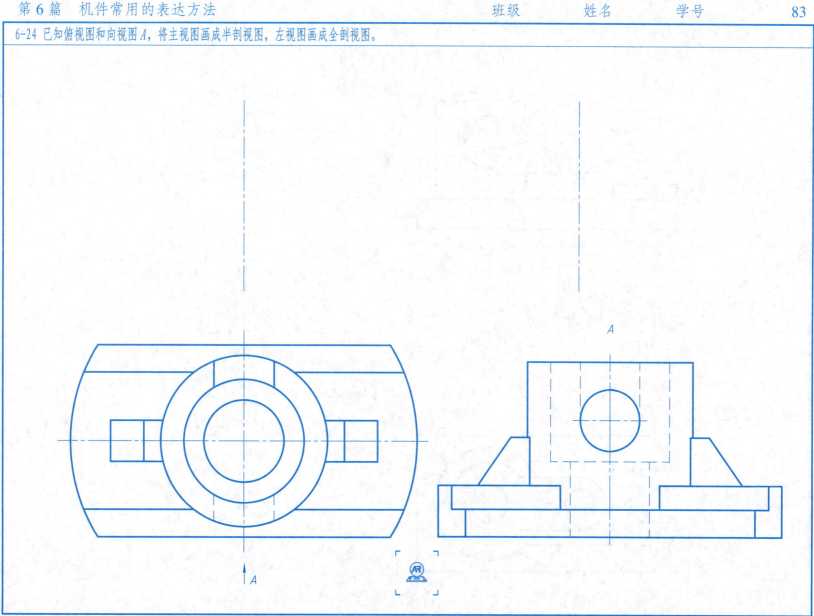

6-25 将主视图改画成全剖视图,并作出半剖的左视图。

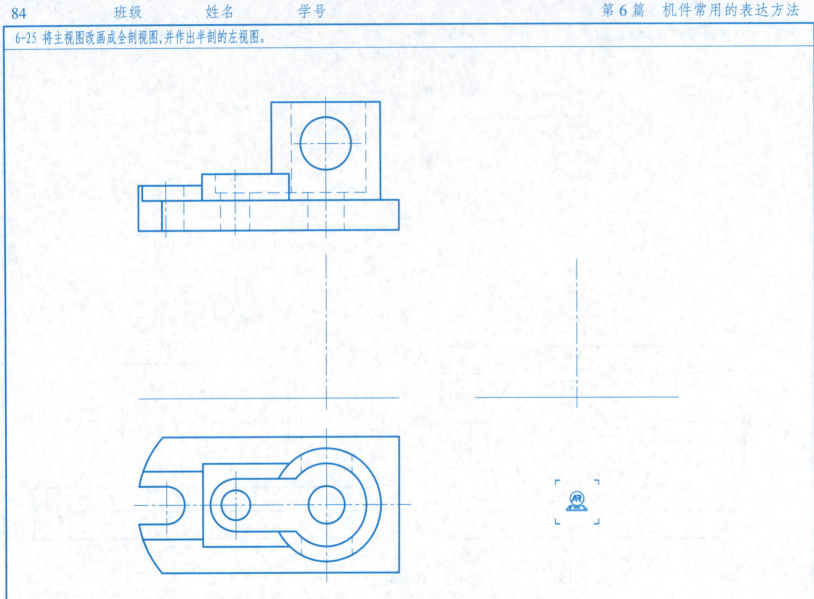

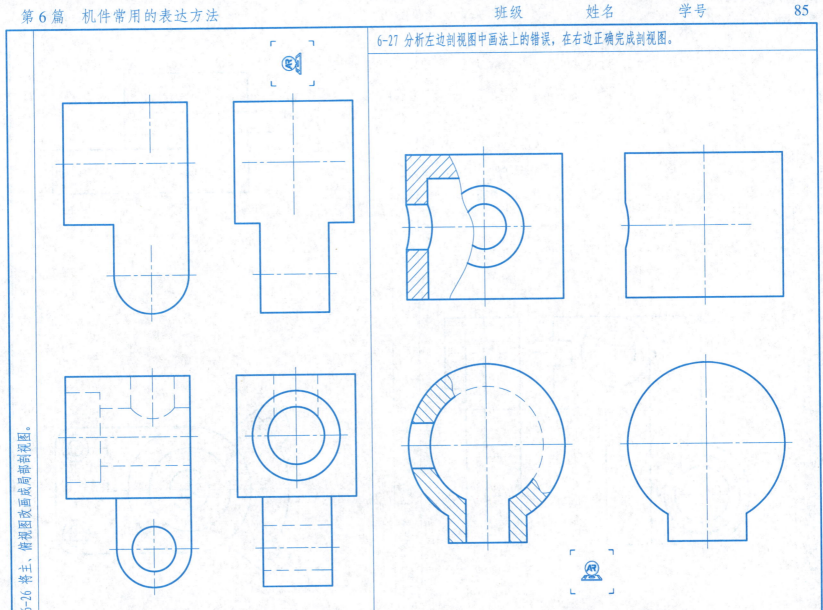

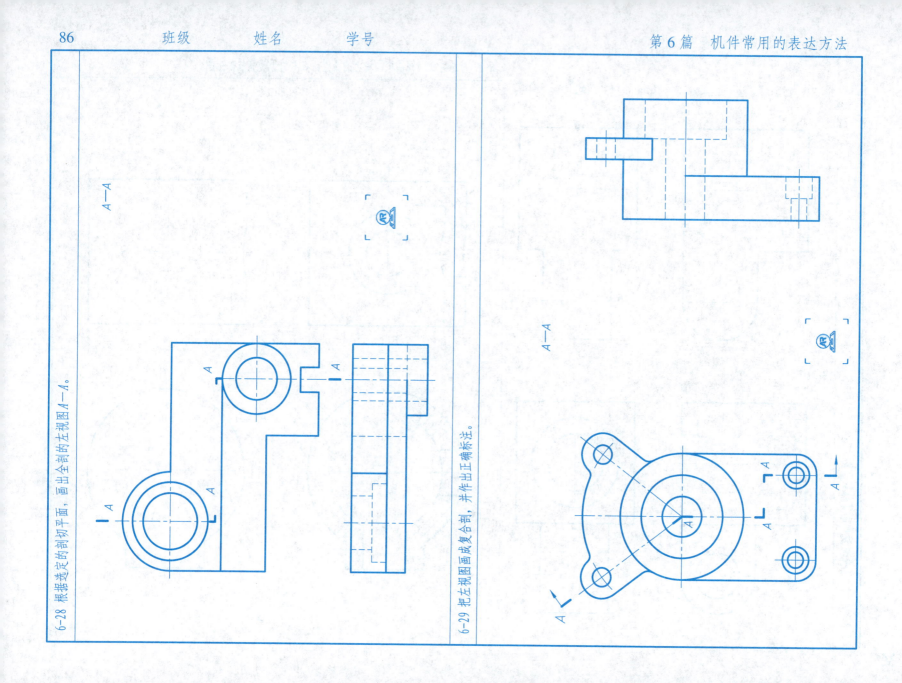

第6篇 机件常用的表达方法

6-31 在指定位置将俯视图改画成局部剖视图。

A—A

6-30 已知俯视图和向视图A，将主视图和左视图画成半剖视图。

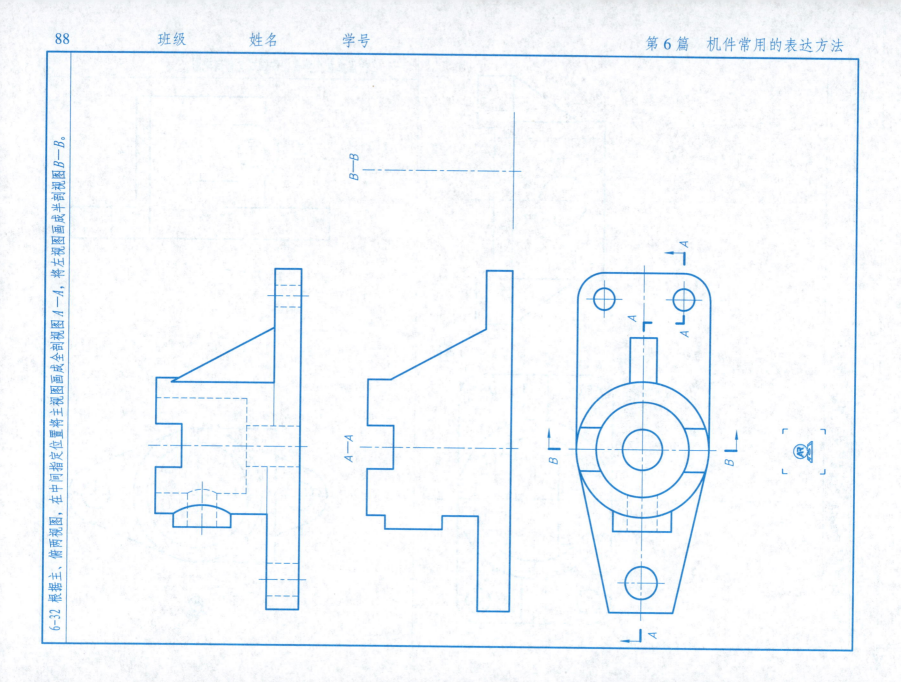

6-32 根据主、俯两视图,在中间指定位置将主视图画成全剖视图 $A-A$,将左视图画成半剖视图 $B-B$。

6-33 将主、俯视图改画成局部剖视图。

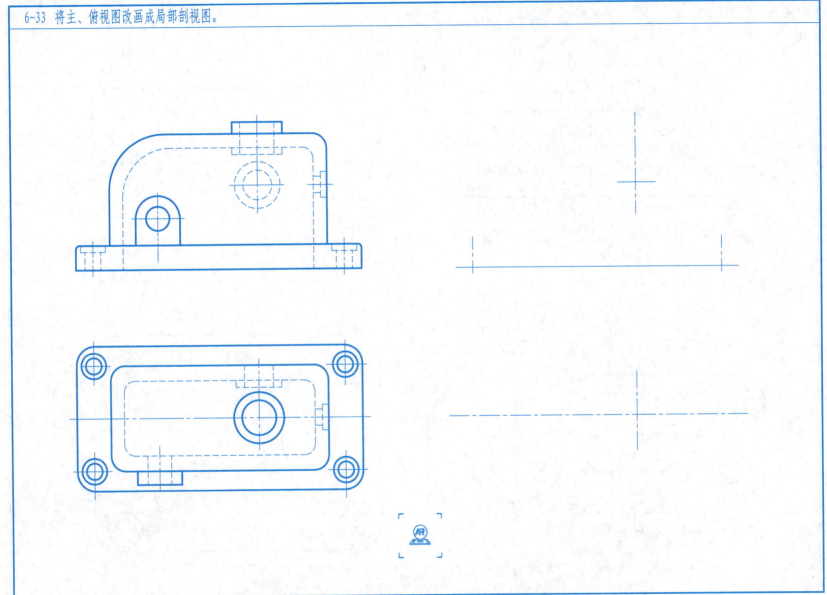

6-34 采用适当的剖切面,在指定位置把主视图画成全剖视图。

(1)

(2)

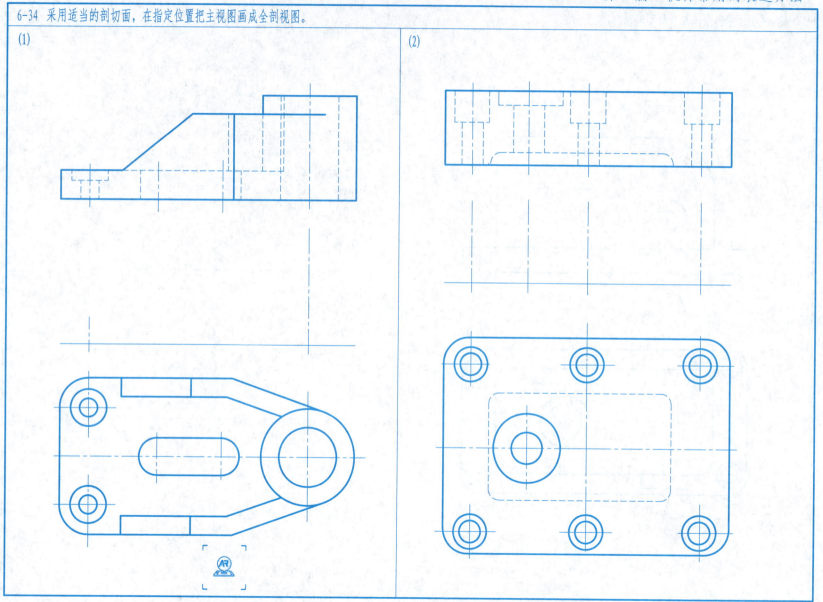

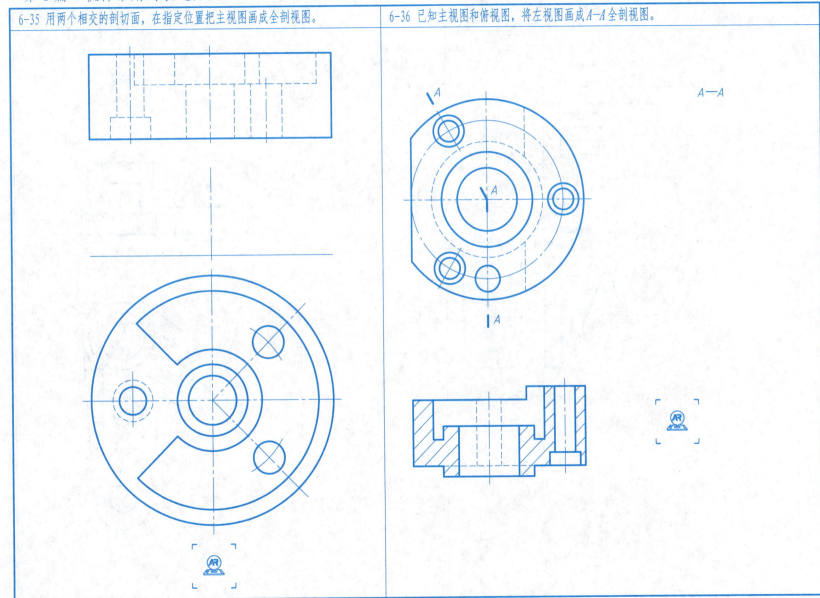

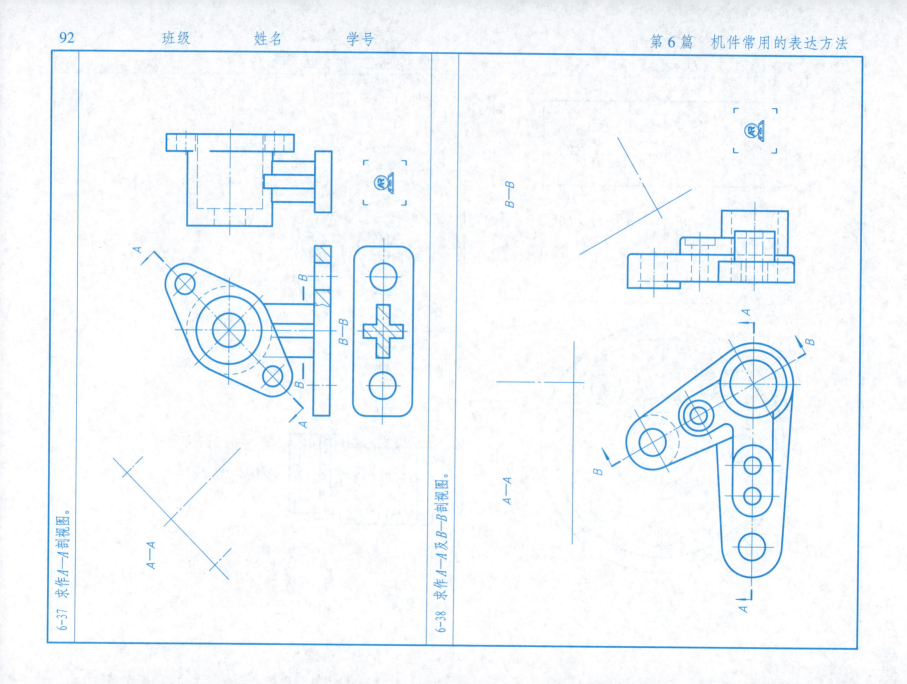

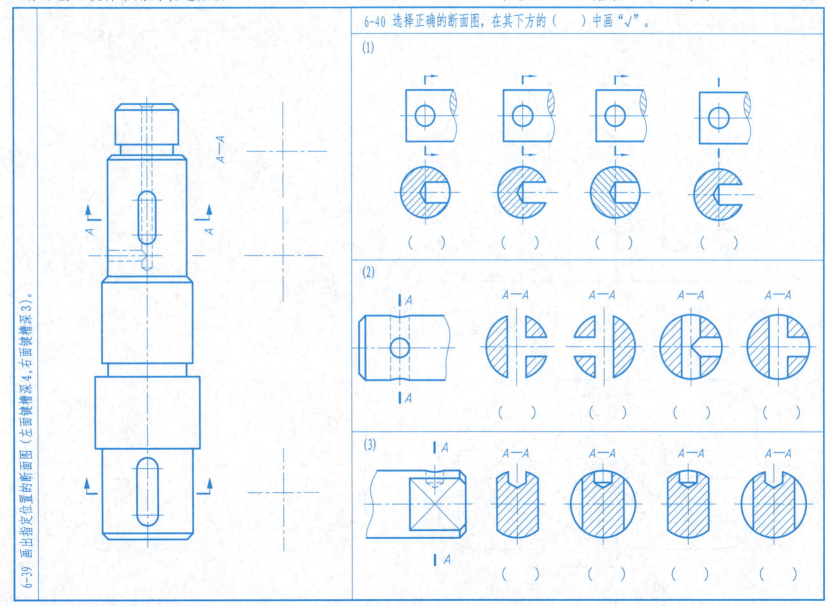

6-41 改正图中的错误,将正确的画在右边。

6-42 根据机件的轴测图，采用适当的表达方法，在A3图纸上绘制机件并标注尺寸。

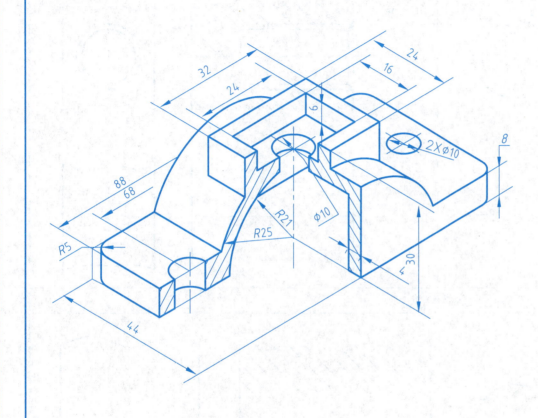

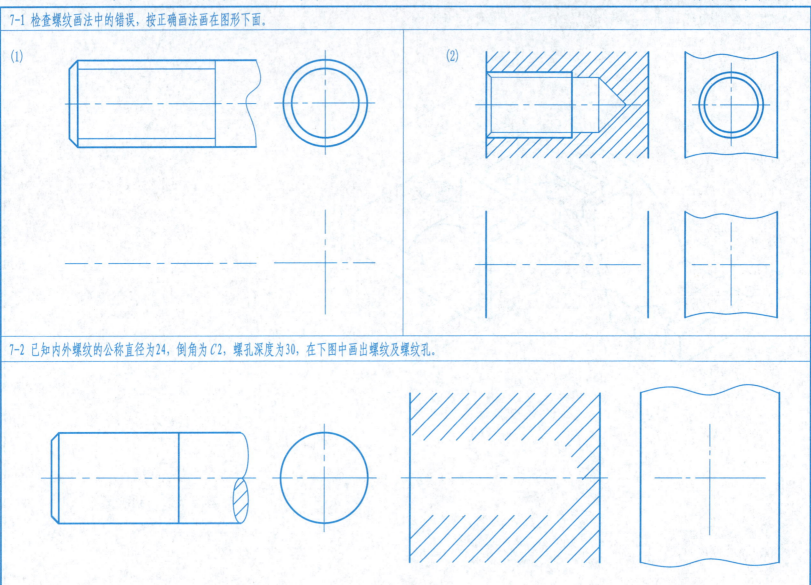

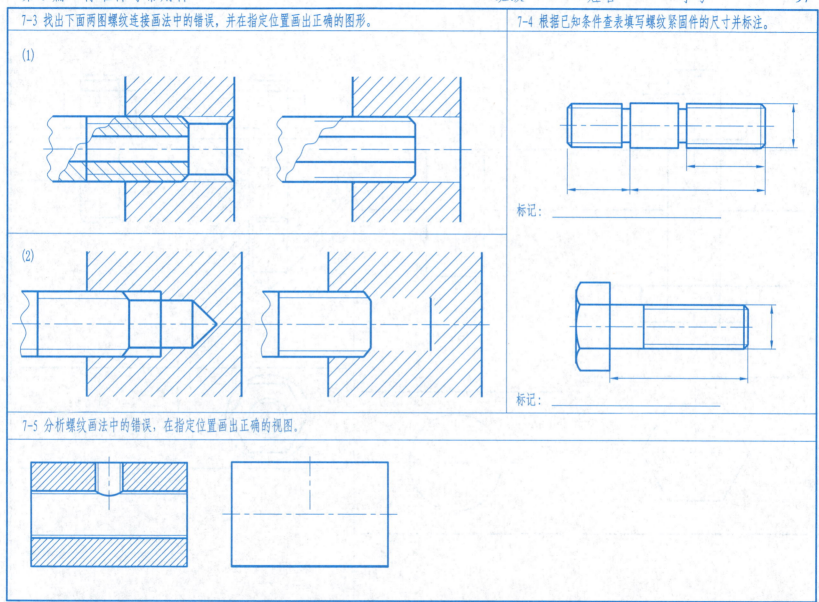

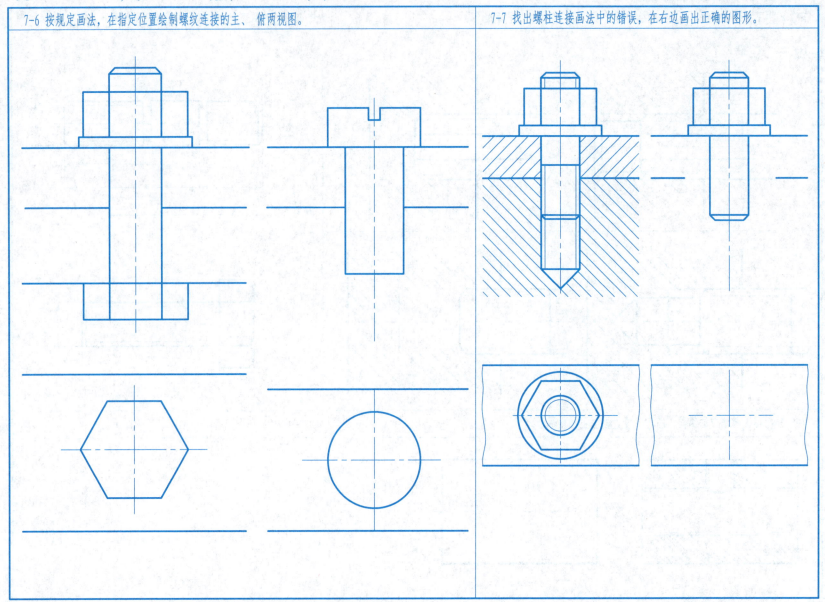

7-8 画螺柱连接装配图,主视图全剖,俯视图不剖。

(1) 螺柱 GB/T 899 M20×80;
(2) 螺母 GB/T 6170 M20;
(3) 垫圈 GB/T 93 20;
(4) 机座材料:铸铁(要测出图中比例)。

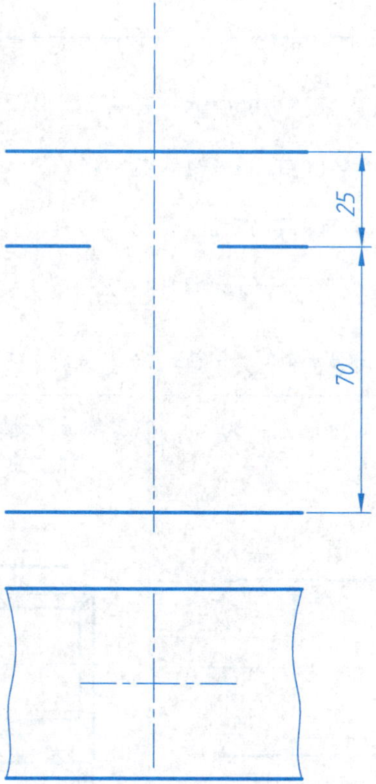

7-9 画螺栓连接装配图,主视图全剖,俯视图和左视图不剖(采用比例画法,要测出图中比例)。

(1) 螺栓 GB/T 5782 M20×90;
(2) 螺母 GB/T 6170 M20;
(3) 垫圈 GB/T 97.1 20。

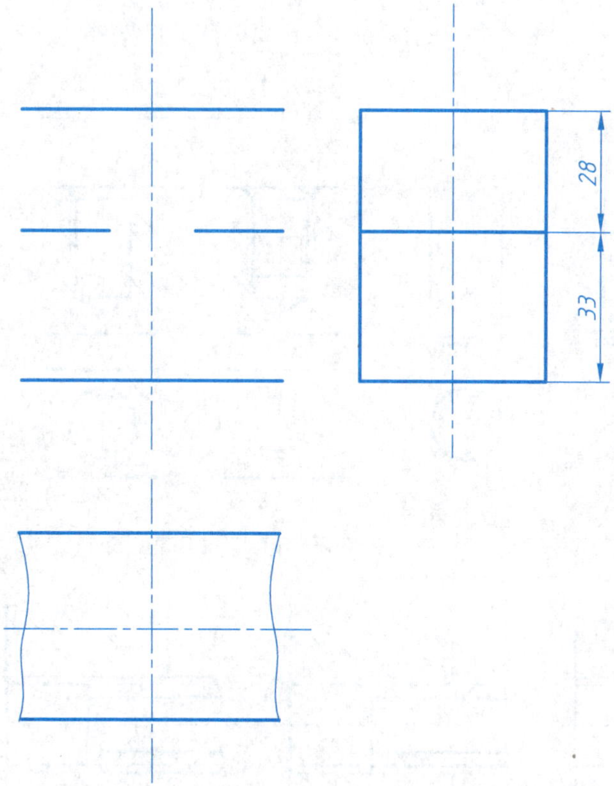

7-10 判断下面图形中螺纹和螺纹连接画法的对错，对的画"√"，错的画"×"。

7-11 选择正确的螺纹标记，在正确的括号里画"√"。(注：螺钉的标准号为GB/T 65—2016)

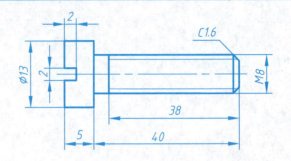

A. GB/T 65-2016 M8×40 (　　)

B. 螺钉GB/T 65-2016 M8×45 (　　)

C. 螺钉GB/T 65-2016 M8×40 (　　)

D. GB/T 65-2016 M8×45 (　　)

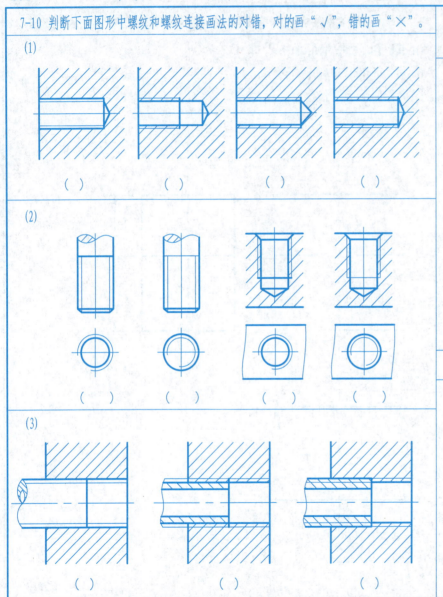

7-12 根据所给螺纹的参数，在图中标注螺纹的标记。

(1) 粗牙普通螺纹，大径30，螺距3.5，单线，右旋。

(2) 细牙普通螺纹，单线，右旋，公称直径30，螺距1.5。

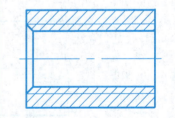

7-13 已知齿轮和轴用A型普通平键连接，键的长度为16。

(1) 查表确定键和键槽的尺寸，按1：1比例画全下列各视图和断面图，并标注键槽的尺寸；
(2) 写出键的规定标记：_____。

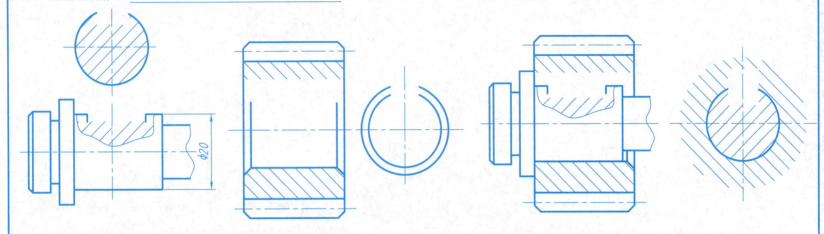

7-14 选出适当长度的φ5圆锥销，画出销连接的装配图，并写出销的规定标记。

销的规定标记为：_____。

7-15 选出适当长度的φ6圆柱销，画出销连接的装配图，并写出销的规定标记。

销的规定标记为：_____。

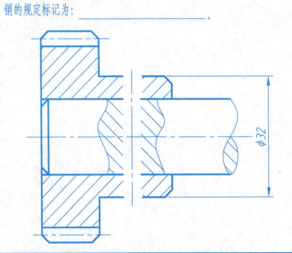

7-16 按规定画法绘制轴承6309(比例1∶1，不标注尺寸)，并填写以下参数：
 $d=$ _____ , $D=$ _____ , $B=$ _____ 。

7-17 按规定画法绘制轴承32211(比例1∶1，不标注尺寸)，并填写以下参数：
 $d=$ _____ , $D=$ _____ , $T=$ _____ , $B=$ _____ , $C=$ _____ 。

7-18 已知直齿圆柱齿轮的模数 m=4，齿数 z=27，试计算该齿轮的分度圆、齿顶圆和齿根圆直径，按1:1的比例完成下列两视图，并标注尺寸。

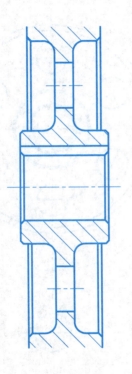
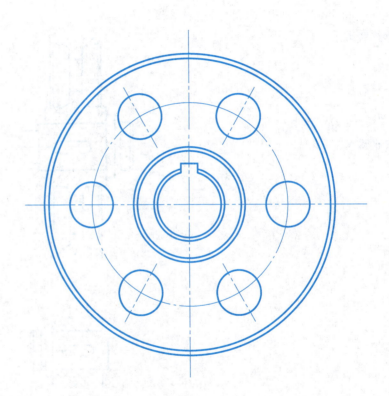

7-19 已知大齿轮的模数 $m=6$,齿数 $z=25$,两齿轮的中心距为108,试计算大、小两齿轮的分度圆、齿顶圆和齿根圆直径及传动比,按1:2的比例完成下列两视图.

分度圆直径
  $d_1=$
  $d_2=$

齿顶圆直径
  $d_{a1}=$
  $d_{a2}=$

齿根圆直径
  $d_{f1}=$
  $d_{f2}=$
  $i=$

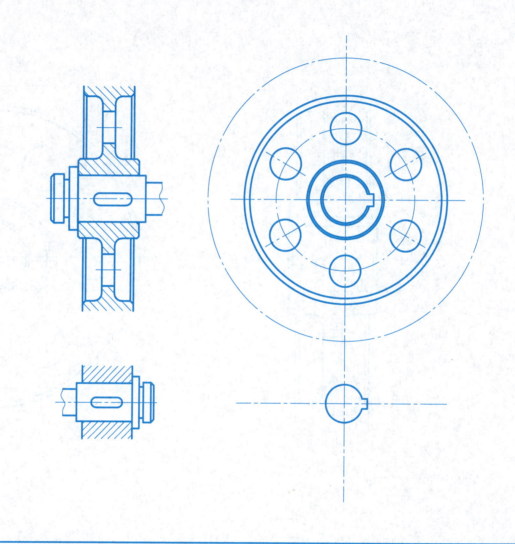

7-20 画出圆柱螺旋压缩弹簧的全剖视图,并标注尺寸。其主要参数:外径ϕ60,弹簧钢丝直径ϕ8,右旋,有效圈数7.5,总圈数10,节距10。

7-21 找出螺钉连接和键连接图中的画法错误（画"×"），在下图的指定位置画出正确的螺钉连接图和键连接图。

7-22 补画齿轮轮齿和平键连接图。

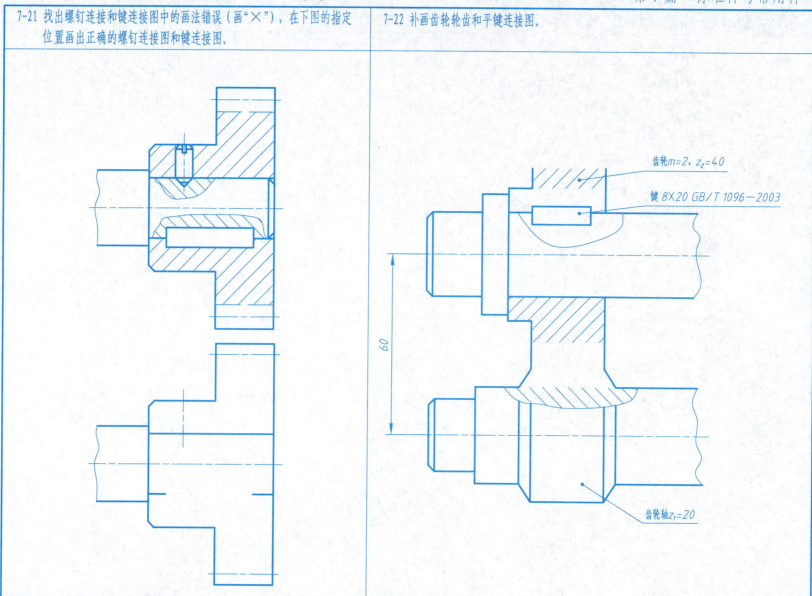

齿轮 $m=2$, $z_2=40$

键 8×20 GB/T 1096—2003

齿轮轴 $z_1=20$

8-1 根据立体图选择零件表达方法。

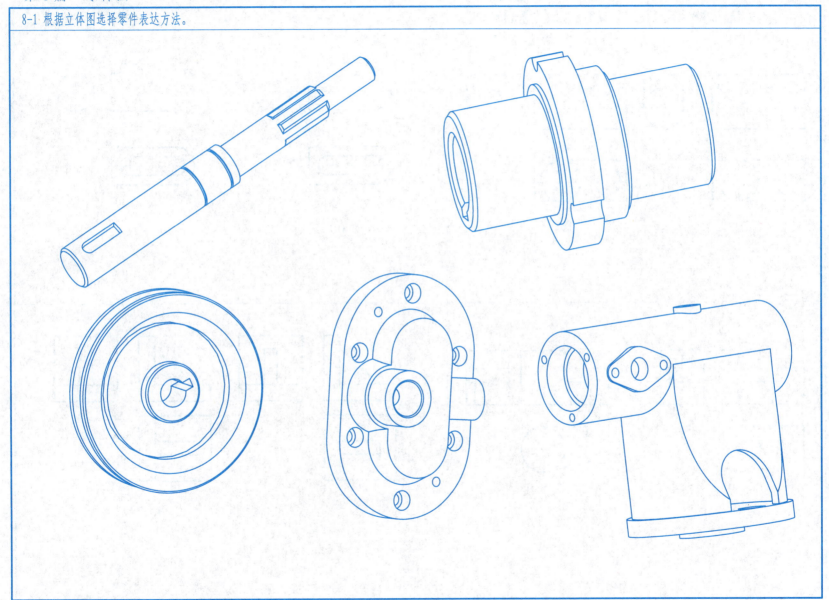

8-2 补画各题中图(b)零件表面上的过渡线,并将其与对应的图(a)做比较。

(1)

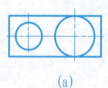
(a)　　　　　　　　　(b)

(2)
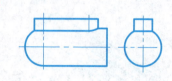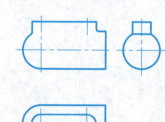

(a)　　　　　　　　　(b)

(3)
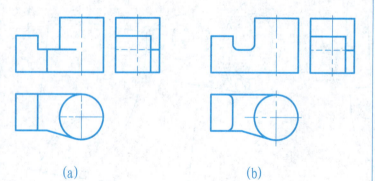
(a)　　　　　　　　　(b)

(4)
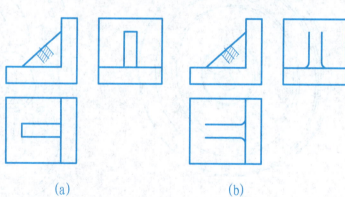
(a)　　　　　　　　　(b)

8-3 标注零件图尺寸，尺寸从图中量取，取整数；标准结构查教材或相关标准。

(1) 轴。

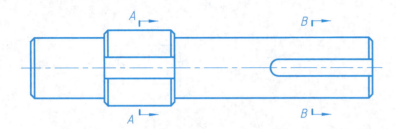

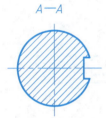 

(2) 下阀座（图中螺纹为细牙螺纹，螺距为1.5）。

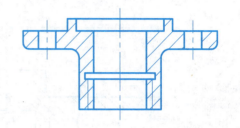

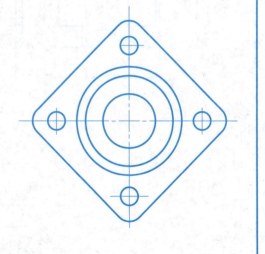

(3) 板支架。

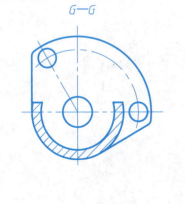 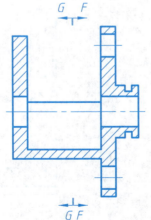 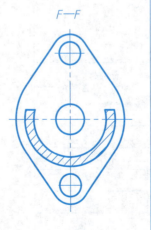

8-4 根据表中所给的表面粗糙度参数值，在视图中标注表面结构要求。

8-5 分析图中表面结构要求的标注错误，在下图中重新标注。

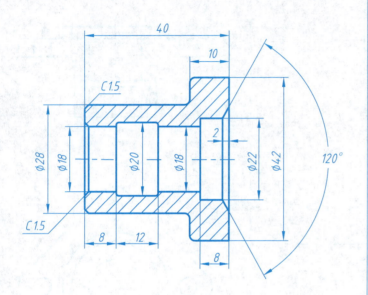
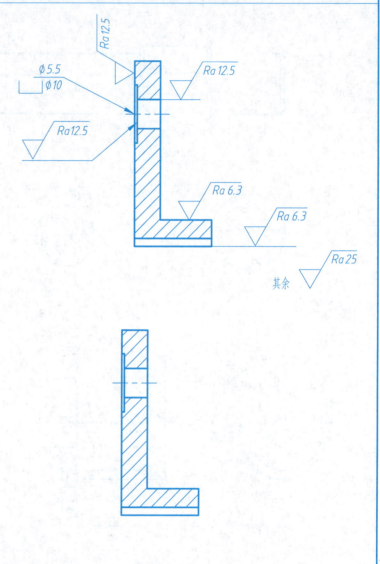

表面	表面粗糙度参数 Ra 上限值
左、右端面	6.3
120°表面	12.5
∅18圆柱面	1.6
C1.5倒角	12.5
∅22圆柱面	12.5
其余表面	保持原铸件供应状况

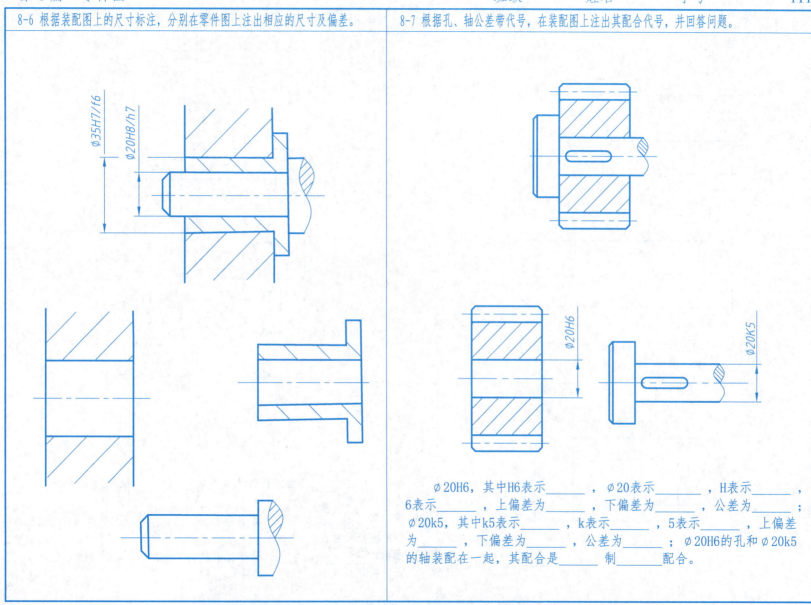

8-6 根据装配图上的尺寸标注，分别在零件图上注出相应的尺寸及偏差。

8-7 根据孔、轴公差带代号，在装配图上注出其配合代号，并回答问题。

$\phi 20H6$，其中H6表示_____，$\phi 20$表示_____，H表示_____，6表示_____，上偏差为_____，下偏差为_____，公差为_____；$\phi 20k5$，其中k5表示_____，k表示_____，5表示_____，上偏差为_____，下偏差为_____，公差为_____；$\phi 20H6$的孔和$\phi 20k5$的轴装配在一起，其配合是_____制_____配合。

8-8 将文字说明的几何公差要求标注在图上。	8-9 对照图上所注的几何公差，完成填空题。
(1) 顶面的平面度公差为0.03。 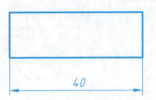 (2) ⌀50g6的圆柱度公差为0.01。  (3) ⌀75m6轴线对⌀50H7轴线的同轴度公差为⌀0.025；⌀50H7轴线对右端面的垂直度公差为⌀0.04。 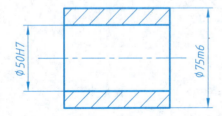	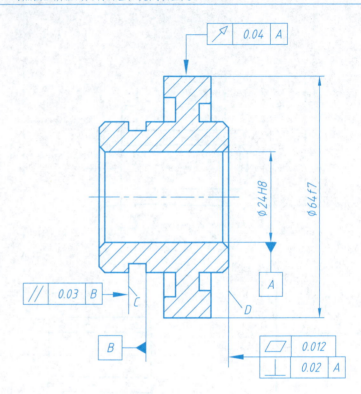 (1) 框格 ⌓ 0.02 的含义：被测要素是_____，公差特征项目是_____，公差是_____。 (2) 框格 ⊥ 0.02 A 的含义：基准要素是_____，被测要素是_____，公差特征项目是_____，公差是_____。 (3) 框格 ∥ 0.03 B 的含义：基准要素是_____，被测要素是_____，公差特征项目是_____，公差是_____。 (4) 框格 ⌿ 0.04 A 的含义：基准要素是_____，被测要素是_____，公差特征项目是_____，公差是_____。

8-10 根据给出的立体图，画出零件图。

(1) 轴，材料45，倒角、退刀槽、键槽深度查阅教材附录或相关标准。

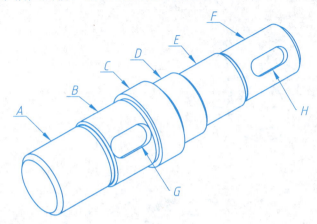

(2) 齿轮，材料HT200，宽度25；键槽宽10；中心孔 $\varnothing32H7$、Ra上限值1.6；齿轮左右端面 Ra上限值3.2、齿面Ra上限值1.6、齿顶圆Ra上限值3.2、键槽Ra上限值6.3、其余表面Ra上限值12.5；倒角$C1$。

模数	m	4
齿数	z	28
压力角	α	20°
精度等级		7

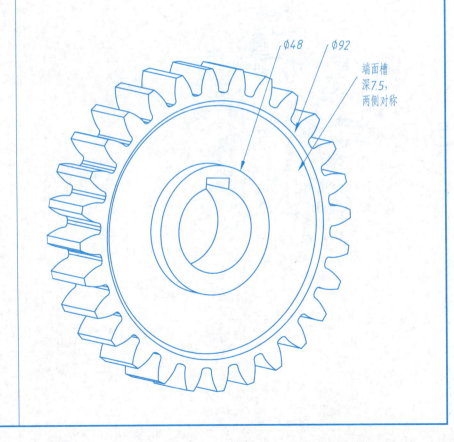

端面槽深7.5，两侧对称

表面	尺寸	Ra	公差带代号
A	$\varnothing30\times32$	1.6	js6
B	$\varnothing32\times25$	1.6	h6
C	$\varnothing36\times13$		
D	$\varnothing30\times16$	1.6	js6
E	$\varnothing26\times23$		
F	$\varnothing24\times34$	1.6	h6
G	键槽10×22		
H	键槽8×20		
其余		12.5	

备注：键槽G的定位尺寸1，键槽H的定位尺寸7，基准分别为B、F段的左侧端面

8-10 根据给出的立体图，画出零件图。

(3)

(4)

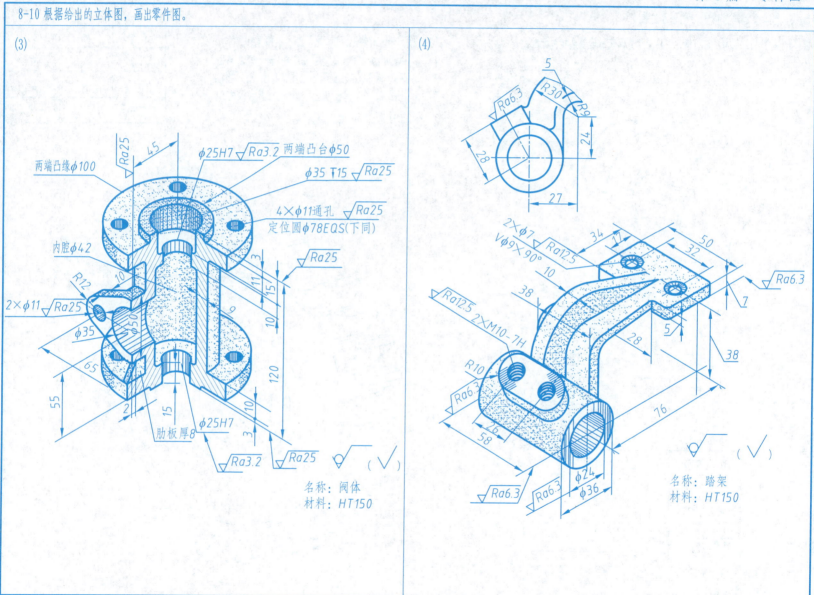

第8篇 零件图

班级　　姓名　　学号　　115

8-11 读零件图，并回答问题。

(1)

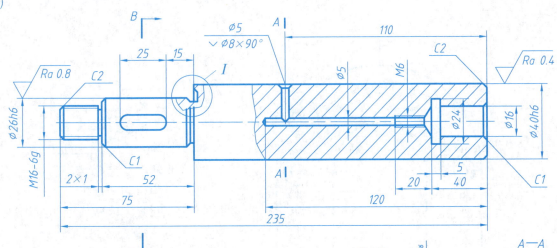
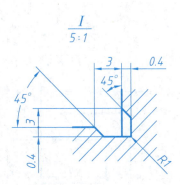
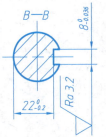

① 主轴采用＿＿个基本视图，＿＿个辅助视图；基本视图为＿＿视图，它采用＿＿剖视；右侧的图称为＿＿＿＿图。

② 键槽的定形尺寸＿＿＿＿＿＿，定位尺寸＿＿＿＿。

③ 左端有工艺结构尺寸2×1，它表示＿＿＿槽，该尺寸中，"2"和"1"的含义分别是＿＿＿和＿＿＿。

④ φ40h6轴在公差与配合中称为＿＿＿轴，其基本偏差和公差等级分别是＿＿＿和＿＿＿；如果把该尺寸实际加工成φ40.003是否合格？＿＿。

技术要求
调质处理241-269HB。

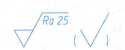

						45	(单位名称)
标记	处数	分区	更改文件号	(签名)	(日期)		主轴
设计	(签名)	(日期)	标准化	(签名)	(日期)	阶段标记　质量　比例	
审核							(图样代号)
工艺			批准			共 张 第 张	

8-11 读零件图，并回答问题。

(2)

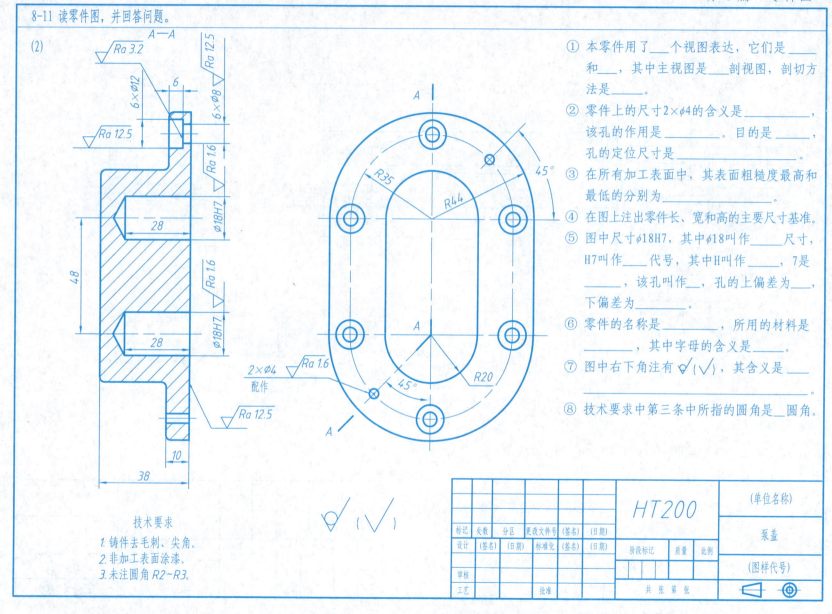

技术要求
1. 铸件去毛刺、尖角。
2. 非加工表面涂漆。
3. 未注圆角 R2~R3。

① 本零件用了___个视图表达，它们是____和___，其中主视图是___剖视图，剖切方法是____。
② 零件上的尺寸2×φ4的含义是_____，该孔的作用是_____。目的是_____，孔的定位尺寸是_____。
③ 在所有加工表面中，其表面粗糙度最高和最低的分别为_____。
④ 在图上注出零件长、宽和高的主要尺寸基准。
⑤ 图中尺寸φ18H7，其中φ18叫作____尺寸，H7叫作___代号，其中H叫作____，7是____，该孔叫作__，孔的上偏差为___，下偏差为_____。
⑥ 零件的名称是_____，所用的材料是_____，其中字母的含义是____。
⑦ 图中右下角注有 ✓(√)，其含义是_____。
⑧ 技术要求中第三条中所指的圆角是__圆角。

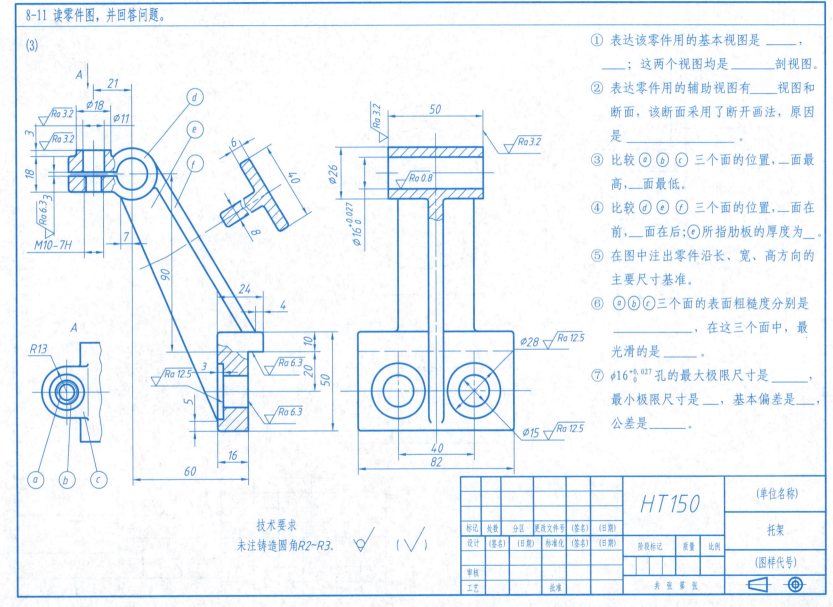

8-11 读零件图，并回答问题。

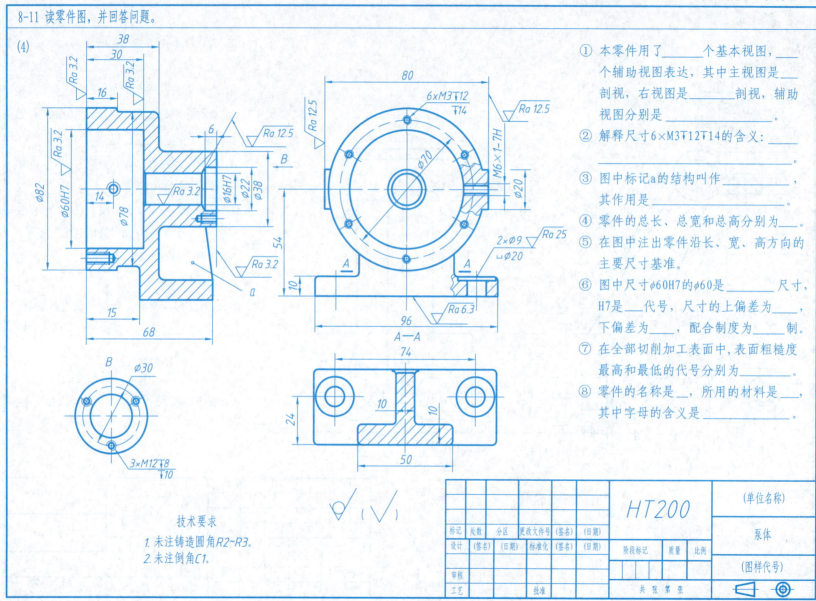

① 本零件用了_____个基本视图，___个辅助视图表达，其中主视图是___剖视，右视图是_____剖视，辅助视图分别是_____。
② 解释尺寸6×M3▼12▼14的含义：_____。
③ 图中标记a的结构叫作_____，其作用是_____。
④ 零件的总长、总宽和总高分别为___。
⑤ 在图中注出零件沿长、宽、高方向的主要尺寸基准。
⑥ 图中尺寸φ60H7的φ60是_____尺寸，H7是___代号，尺寸的上偏差为___，下偏差为___，配合制度为___制。
⑦ 在全部切削加工表面中，表面粗糙度最高和最低的代号分别为_____。
⑧ 零件的名称是__，所用的材料是__，其中字母的含义是_____。

9-1 由零件图拼画装配图。

(1) 行程开关（二位三通阀）。

① 作业说明：根据装配示意图和零件图绘制装配图，图纸幅面和比例自选。

② 作用：行程开关是气动控制系统中的位置检测元件，它能将机械运动瞬时转变为气动控制信号。

③ 工作原理：在非工作情况下，阀芯在弹簧力及背压的作用下，使发讯输出口与气源口之间的通道封闭，与泄流口接通；在工作时，阀芯受外力克服弹簧力及背压阻力下移，打开发讯通道，封闭泄流孔，则有讯号输出；外力消失，则阀芯复位。

④ 技术参数：
型号QKCB-1；
工作压力0.05MPa；
通道直径$\phi 2$；
外形尺寸$\phi 20 \times 60$。

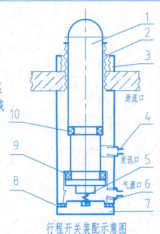

行程开关装配示意图

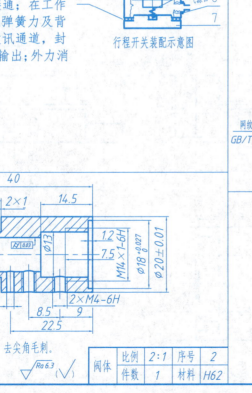

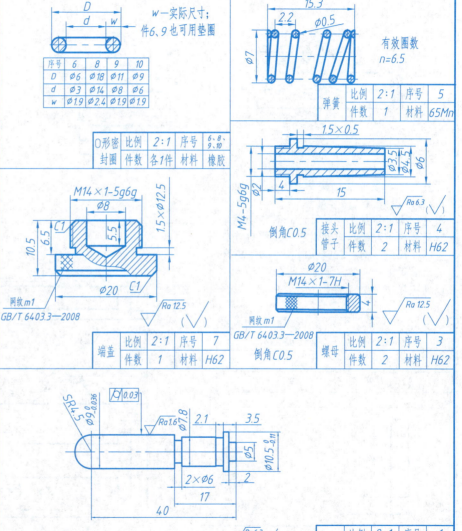

9-1 由零件图拼画装配图。

(2) 平口钳。

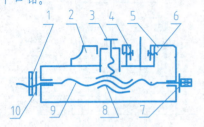

平口钳装配示意图

平口钳是用来夹持工件进行加工的部件，它主要是由固定钳身5、活动钳口2、钳口板4、丝杠9和螺母8等组成。丝杠固定在固定钳身上，转动丝杠可带动螺母做直线移动。螺母与活动钳口用螺钉连成整体。因此，当丝杠转动时，活动钳口就会沿固定钳身移动，使钳口闭合或张开，以便夹紧或松开工件。

标准件

序号	代号	名称	数量
6	GB/T 68—2016	螺钉M6×16	4
10	GB/T 97.1—2002	垫圈12	1
1	GB/T 6170—2015	螺母	2

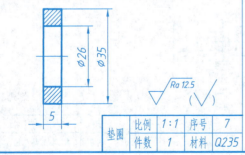

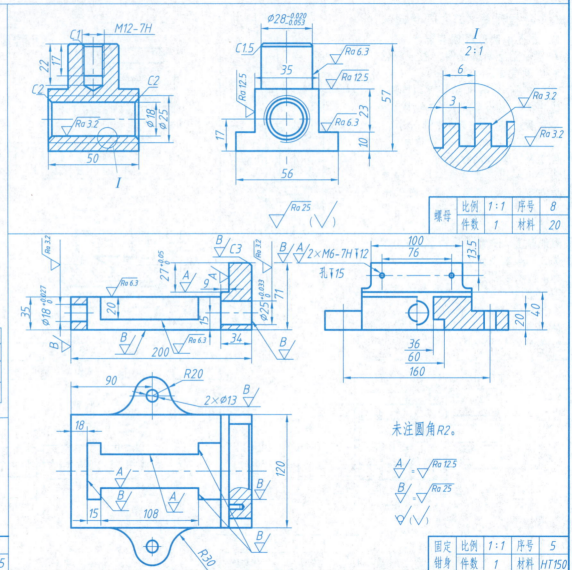

第9篇 装配图

9-1 由零件图拼画装配图。

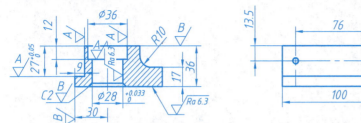
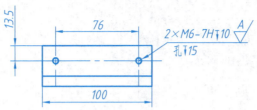
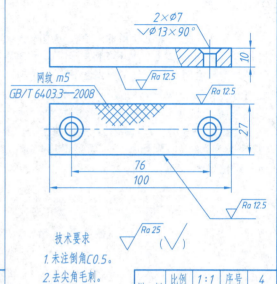
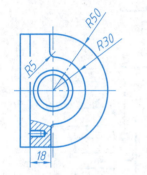

技术要求
1. 未注圆角R2。
2. 去尖角毛刺。

技术要求
1. 未注倒角C0.5。
2. 去尖角毛刺。

活动钳口板	比例	1:1	序号	2
	件数	1	材料	HT150

钳口板	比例	1:1	序号	4
	件数	2	材料	45

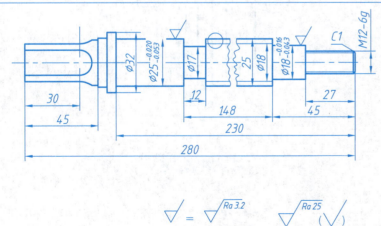
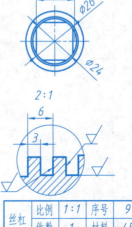
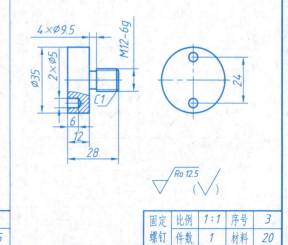

丝杠	比例	1:1	序号	9
	件数	1	材料	45

固定螺钉	比例	1:1	序号	3
	件数	1	材料	20

9-1 由零件图拼画装配图。

(3) 手动气阀。

手动气阀是汽车上使用的一种压缩空气开关机构。当通过手柄球6和芯杆5将气阀杆1拉到最高位置时，如右图所示，储气筒与工作气缸接通；将气阀杆推到最下位置时，工作气缸和储气筒的通道被关闭，此时工作气缸通过气阀杆中心的孔道与大气接通。气阀杆1与阀体3孔是间隙配合，装有O形密封圈2，以防压缩空气泄漏。螺母4是固定手动气阀位置的。

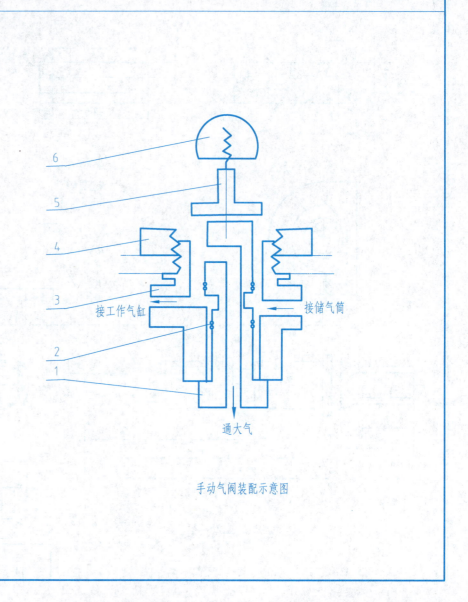

手动气阀装配示意图

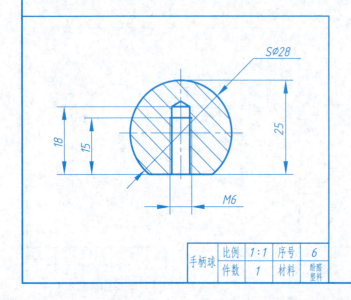

手柄球	比例	1:1	序号	6
	件数	1	材料	酚醛塑料

第 9 篇 装配图

9-1 由零件图拼画装配图。

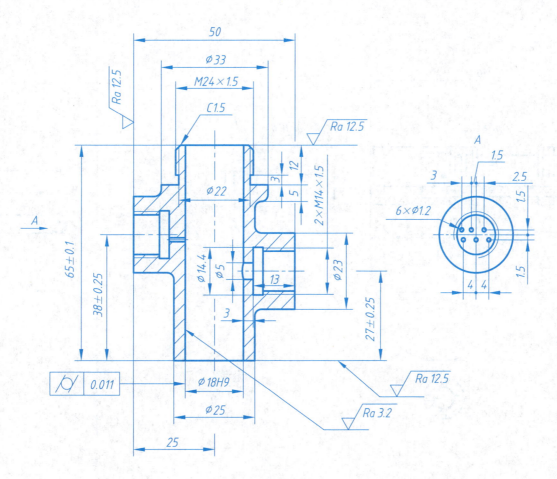

技术要求
未注圆角R2。

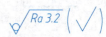

阀体	比例	1:1	序号	3
	件数	1	材料	Q235

9-1 由零件图拼画装配图。

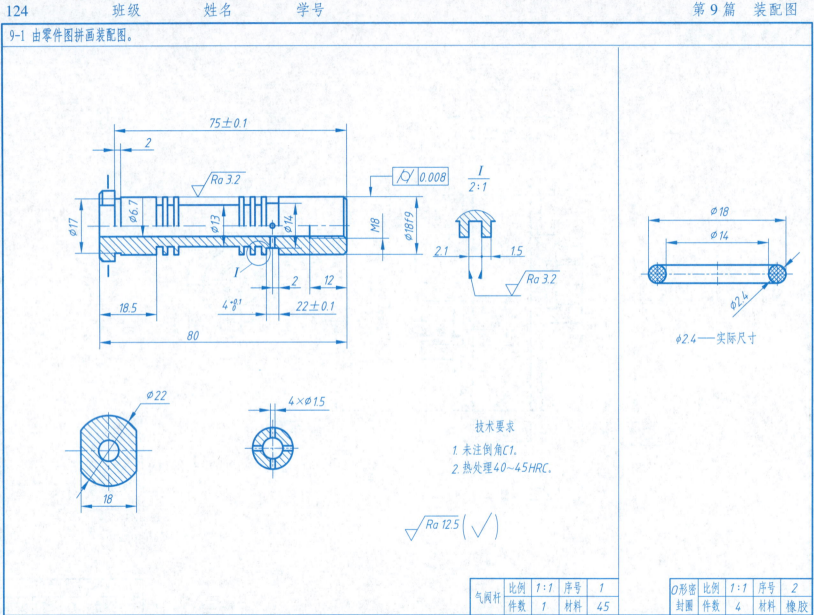

第9篇 装配图

9-1 由零件图拼画装配图。

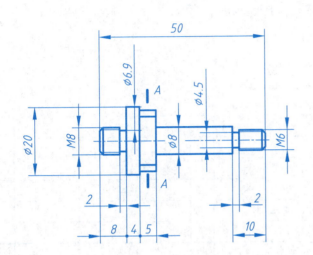

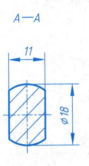

A—A

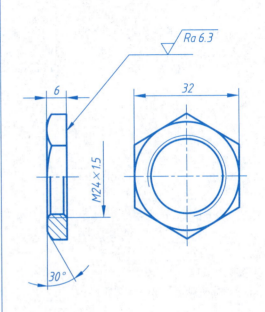

Ra 6.3

技术要求

未注倒角C1。

技术要求

1. 未注倒角C1。
2. 镀锌钝化。

芯杆	比例	1:1	序号	5
	件数	1	材料	Q235

螺母	比例	1:1	序号	4
	件数	1	材料	Q235

9-2 读装配图并拆画零件图。

(1) 阀门。

① 作业说明：看懂阀门的装配图，并拆画阀体1或轴4的零件图。

② 工作原理：阀门用于管路中，控制介质的流动。转动手柄9，通过螺纹结构带动轴4左右运动，带动活门2打开或关闭。连接活门与轴的圆柱销3处于轴的环形槽中，当拧紧阀门时，活门不会转动。

③ 回答问题。

装配图由___种零件组成，其中___个标准件，其序号是_____；$\phi 20$属于_____尺寸，M32-7H/6g属于_____尺寸。$\phi 36H11/c11$属于____制，____配合，H11是_____代号，c是____代号，$\phi 36$是_____尺寸。

④ 回答问题。

简要说明活门2的拆卸顺序：_____。

序号	代号	名称	数量	材料	单件	总计	备注
					质量		
9	FM-20-09	手柄	1	HT200			
8	FM-20-08	螺母	4	45			
7	FM-20-07	后盖	1	HT200			
6	FM-20-06	填料	2	石棉绳			
5	FM-20-05	轴套	1	45			
4	FM-20-04	轴	1	45			
3	GB/T 119.1	圆柱销	2	35			$\phi 3m6 \times 30$
2	FM-20-02	活门	1	45			
1	FM-20-01	阀体	1	TH200			

(材料标记) (单位名称)

阀门

比例 1:1 FM-20

9-2 读装配图并拆画零件图。

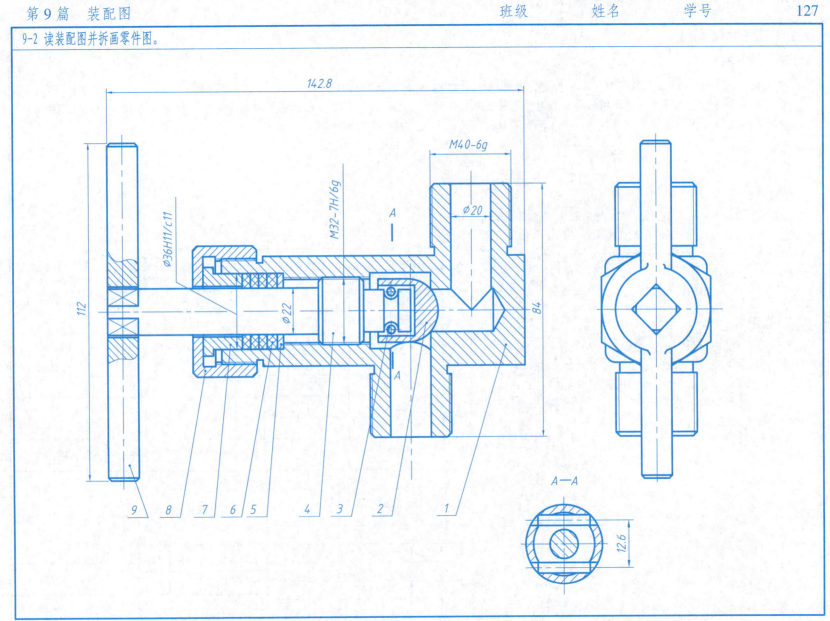

9-2 读装配图并拆画零件图。

(2) 空气过滤器。

① 作业说明：看懂空气过滤器的装配图，并拆画针形阀杆1或过滤器件9的零件图。

② 工作原理：过滤器可以除去空气中的悬尘埃粒子和微生物，即过滤器通过滤料将尘埃粒子捕集截留下来，以保证送入风量的洁净度要求。它所用的滤料为较细直径的纤维，既能使气流顺利通过，又能有效地捕集尘埃粒子。

③ 回答问题。

    a. 空气过滤器共用了_____个视图来表达。主视图采用了_____剖视。由于过滤器前后对称，C向视图只画了一半，还有件9的A向视图，因其对称也只画了一半，这种画法既是一种_____画法，也可视为是_____视图的画法特例。

    b. 图中M60×2表示件_____和件_____之间是用_____（选填"精密""中等""粗糙"）公差精度的螺纹连接的。

    c. 空心螺钉3的作用，一是使输入的空气能进入件_____的内腔，二是将件6固定在件_____上。B—B_____（填"剖视图"或"断面图"）表达了件3头部的内形。

    d. 件5、件7、件8均为垫片，它们的作用都是_____。件4的厚度为_____。

    e. 若要清洗多孔陶瓷管6，须先将其拆下。拆卸时应先旋下件_____，然后用开口宽度略大于_____的扳手旋下件_____，才能取下件6。

序号	图号	名称	数量	材料	备注
9	KG-20-09	过滤器件	1	HT200	
8	KG-20-08	垫片	1	橡胶	φ45/φ50/2
7	KG-20-07	垫片	1	橡胶	φ58/φ50/2
6	KG-20-06	多孔陶瓷管	1	陶瓷	φ44/φ30
5	KG-20-05	垫片	1	橡胶	φ44/φ11/2
4	KG-20-04	压板	1	Q235	φ44/φ11/2
3	KG-20-03	空心螺钉	1	Q235	
2	KG-20-02	分滤容器	1	HT200	
1	KG-20-01	针形阀杆	1	Q235	

空气过滤器　　KG-02-00　　比例 1:1

9-2 读装配图并拆画零件图。

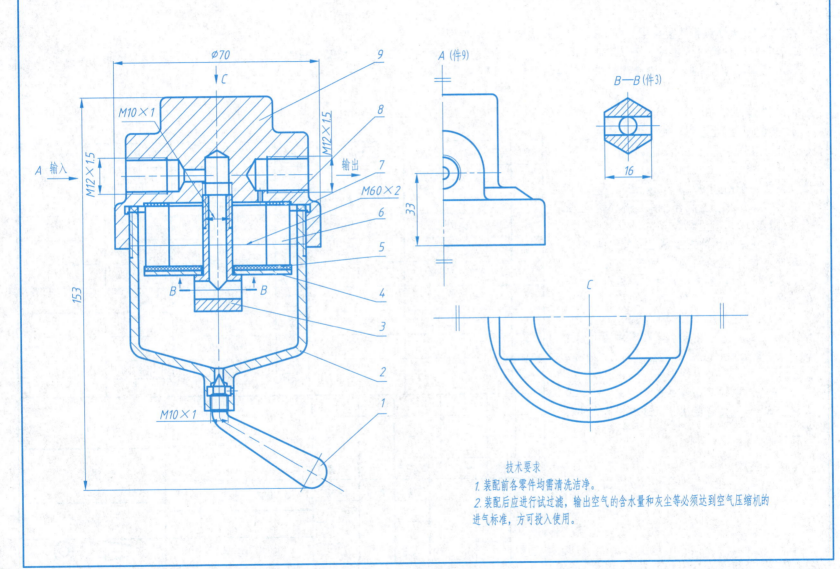

9-2 读装配图并拆画零件图。

(3) 钻模。

① 作业说明：看懂钻模的装配图，并拆画底座1或钻模板2的零件图。

② 工作原理：钻模用于夹紧、定位工件（图中双点画线表示），以便钻头在工件上钻孔。将工件装在钻模上，即可用钻头钻孔，在钻完孔后旋松特制螺母，先取出开口垫圈，再将钻模板取出，才能拿出工件。

③ 回答问题。

　　a. 装配图由＿＿种零件组成，其中＿个标准件，其序号是＿＿＿＿。

　　b. 该图样由＿个视图组成，主视图采用＿＿图，俯视图采用＿＿视图，左视图采用＿＿视图。

　　c. 件2与件3是＿＿配合，件4与件6是＿＿配合，件2与件7是＿＿配合。

　　d. 件1在主视图的左上角空白处的结构在该零件上共有＿＿＿处，其作用是＿＿＿。

　　e. 钻完孔后，应先旋松件＿，再取下件＿，然后拿出件＿＿，以便取卸工件。

　　f. 主视图中的尺寸φ3H7/m6表示件＿＿和件＿＿，是＿制＿＿配合，在零件图上标注这一尺寸时，孔的尺寸是＿＿＿，轴的尺寸是＿＿＿。

　　g. 主视图中的双点画线表示＿＿＿＿，该零件上有＿＿＿处需要钻孔，这种表达方法称为＿＿＿。

9	GB/T 6170—2015	螺母	2	35			M10
8	GB 119-2000	销	1	40			A3×28
7	Z170-05-07	衬套	1	45			
6	Z170-05-06	特制螺母	1	35			
5	Z170-05-05	开口垫圈	1	40			
4	Z170-05-04	轴	1	40			
3	Z170-05-03	钻套	1	T8			
2	Z170-05-02	钻模板	1	40			
1	Z170-05-01	底座	1	HT200			
序号	代号	名称	数量	材料	单件	总计	备注
					质量		

第 9 篇 装配图

9-2 读装配图并拆画零件图。

技术要求
钻模应夹紧、定位可靠，拆装灵活。

参考文献

[1] 董晓英,叶霞. 现代工程图学习题集[M]. 2版. 北京:清华大学出版社,2015.

[2] 赵大兴. 工程制图习题集[M]. 2版. 北京:高等教育出版社,2009.

[3] 王巍. 机械制图习题集[M]. 2版. 北京:高等教育出版社,2009.

[4] 陆载涵,刘桂红,张哲. 现代工程制图习题集[M]. 北京:机械工业出版社,2013.

[5] 许睦旬,徐凤仙,温伯平. 画法几何及工程制图习题集[M]. 4版. 北京:高等教育出版社,2009.

[6] 钱可强,何铭新,徐祖茂. 机械制图习题集[M]. 7版. 北京:高等教育出版社,2015.

[7] 丁一,李奇敏. 机械制图习题集[M]. 2版. 北京:高等教育出版社,2020.

[8] 王兰美,殷昌贵. 画法几何及工程制图习题集[M]. 3版. 北京:机械工业出版社,2021.